人工智能与大数据技术

魏巍巍 胡 睿 杨 克 主编

汕頭大學出版社

图书在版编目（CIP）数据

人工智能与大数据技术 / 魏巍巍，胡睿，杨克主编
. -- 汕头：汕头大学出版社，2022.7
　ISBN 978-7-5658-4729-5

Ⅰ. ①人… Ⅱ. ①魏… ②胡… ③杨… Ⅲ. ①人工智
能②数据处理 Ⅳ. ①TP18②TP274

中国版本图书馆CIP数据核字(2022)第134578号

人工智能与大数据技术
RENGONG ZHINENG YU DASHUJU JISHU

主　　编：魏巍巍　胡　睿　杨　克
责任编辑：黄洁玲
责任技编：黄东生
封面设计：李元红
出版发行：汕头大学出版社
　　　　　广东省汕头市大学路 243 号汕头大学校园内　邮政编码：515063
电　　话：0754-82904613
印　　刷：廊坊市海涛印刷有限公司
开　　本：710 mm×1000 mm　1/16
印　　张：13.5
字　　数：206 千字
版　　次：2022 年 7 月第 1 版
印　　次：2023 年 1 月第 1 次印刷
定　　价：58.00 元
ISBN 978-7-5658-4729-5

人工智能与大数据技术
编委会

前　言

　　人工智能是指机器像人一样拥有智能能力，是一门融合计算机科学、统计学、脑神经学和社会科学的前沿综合学科，可以代替人类实现识别、认知、分析和决策等多种功能。人工智能涉及心理学、认知科学、思维科学、信息科学、系统科学和生物科学等多门学科，目前已在多个领域取得举世瞩目的成果，并形成了多元化的发展方向。20 世纪 90 年代，国际象棋世界冠军卡斯帕罗夫与"深蓝"计算机决战，"深蓝"获胜，这是人工智能发展的一个重要里程碑。2016 年，韩国围棋国手李世石与围棋程序 AlphaGo 对弈中首战失利，再一次将人工智能拉入了公众的视野，人工智能成为话题度最高的科技，也成为最流行的媒体语言。中国政府将人工智能列为重点发展战略，2019 年，教育部批准 35 所高校增设人工智能本科专业。人工智能教育建设已经掀起热潮。

　　大数据的应用也激发了一场思想风暴，改变了我们的生活方式和思维习惯。大数据正以前所未有的速度颠覆人们探索世界的方法，引起工业、商业、医学、军事等领域的深刻变革。因此，在当前大数据浪潮的猛烈冲击下，人们迫切需要充实并完善自己原有的 IT 知识结构，掌握两种全新的技能：一是掌握大数据基本技术与应用，使大数据成为我们所用的技能；二是了解人工智能的基本理论和发展趋势，使人工智能更好地服务于社会发展的技能。

　　本书注重实用性，围绕人工智能与大数据技术这一主题，采用深入浅出的方式以通俗易懂的语言，简明扼要地阐述了人工智能与大数据技术的基本理论和发展趋势，使广大读者通过阅读本书，深入了解和掌握人工智能与大数据技术的理论和应用，从而更好地把握时代发展的脉搏和历史赋予的机遇。

　　本书在写作过程中参阅了大量的中外书籍和相关资料，在此对各位作者表示真诚的谢意。由于水平有限，加之时间仓促，书中难免存在疏漏之处，恳请广大读者批评斧正。

目　录

第一章　人工智能概述

第一节　人工智能的内涵

一、概念

人工智能的定义可以分为两部分，即"人工"和"智能"。"人工"比较好理解，争议性也不大。有时我们会考虑什么是人能够制造的，或者人自身的智能程度有没有高到可以创造人工智能的地步等。但总的来说，"人工"就是通常意义下的人工系统。

关于什么是"智能"，问题就很多了。这涉及其他诸如意识、自我、思维（包括无意识的思维）等问题。人唯一了解的智能是人本身的智能，这是大家普遍认同的观点。

"智能"概念最早可追溯到 17 世纪戈特弗里德•威廉•莱布尼茨（Gottfried Wilhelm Leibniz）有关智能的设想。首先是对"intelligence"的一种重要区分，即强调计算机与信息科学、数学和生物学（泛指应用科学、技术、工程）等语境下的"智能"，如机器智能、类人类（水平）智能，并非仅仅是心理学范畴下的"智力"或自然智能。

《计算机与通信词典》（*Computer Science and Communications*）对"intelligence"一词做出了科学规范的概念解释：源于各种资源汇集而成的信息;. 有用的、确证的、经处理过的，以及在时效基础上可实现的信息。这一解释将"intelligence"指向信息本体，技术背景下的"智能"在本体论上是信息处理的一种特殊形式。

从自然意义上而言，自然智能即指人类通过自身智力，收集和处理不确定的信息并输出新信息以改变基本生存需求，是人类在本体（或近体环境）上实现自身智力的信息处理过程，是人对人本身的信息反馈。

从技术意义上而言，智能虽然需要人类通过自身智力对信息源进行处理，但是其输入、输出对象不再是人类本体，而是无生命的机器或者类生命体。这要求人们对自身智力有全面的认识，能够将这种全面的认识赋予机器或者类生命体，创造出智能机或者智能体，实现人机或机机交互的智能表现。就目前的科学技术发展和人类对认知能力的挖掘，技术智能正走向实现类人或无限接近人类水平的智能体的道路。

美国斯坦福大学著名的人工智能研究中心尼尔斯·约翰·尼尔森（Nils John Nilsson）教授对人工智能下了这样一个定义："人工智能是关于知识的学科——怎样表示知识及怎样获得知识并使用知识的科学。"而另一名来自美国麻省理工学院著名的帕特里克·温斯顿（Patrick Winston）教授认为："人工智能就是研究如何使计算机去做过去只有人才能做的智能工作。"这些说法反映了人工智能学科的基本思想和基本内容即人工智能是研究人类智能活动的规律，构造具有一定智能的人工系统，是研究如何让计算机去完成以往需要人的智力才能胜任的工作，也就是研究如何通过计算机的软硬件来模拟人类某些智能行为的基本理论、方法和技术。

二、定位

人工智能作为研究机器智能和智能机器的一门综合性高技术学科，诞生于20世纪50年代，它是一门涉及心理学、认知科学、思维科学、信息科学、系统科学和生物科学等多学科的综合型技术学科，目前已在知识处理、模式识别、自然语言处理、博弈、自动定理证明、自动程序设计、专家系统、知识库、智能机器人等多个领域取得举世瞩目的成果，并形成了多元化的发展方向。

三、功能及相关性

人工智能是计算机学科的一个分支，20世纪70年代以来被称为世界三大尖端技术（空间技术、能源技术、人工智能）之一，也被认为是 21 世纪三大尖端技术（基因工程、纳米科学、人工智能）之一。人工智能在很多学科领域都得到了广泛应用，并取得了丰硕的成果，人工智能已逐步成为一个独立的分支，在理论和实践上都已自成系统。

人工智能是研究用计算机来模拟人的某些思维过程和智能行为（如学习、推理、思考、规划等）的学科，主要包括计算机实现智能的原理、制造类似于人脑智能的计算机，使计算机能实现更高层次的应用。人工智能涉及到计算机科学、心理学、哲学和语言学等学科，可以说几乎包括自然科学和社会科学的所有学科，其范围已远远超出了计算机科学的范畴，人工智能与思维科学的关系是实践和理论的关系，人工智能处于思维科学的技术应用层次，是它的一个应用分支。从思维观点看，人工智能不仅限于逻辑思维，还要考虑形象思维、灵感思维才能促进人工智能突破性地发展。数学常被认为是多种学科的基础学科，不仅在标准逻辑、模糊数学等范围发挥作用，数学也进入语言、思维领域，同样，数学也进入了人工智能学科，人工智能学科也必须借用数学工具，它们将互相促进从而更快地发展。

当我们讨论智能的意义是什么，或者谈及智能的特点和标准在哪里的时候，但凡有科学技术背景的研究者都会不约而同地提起"艾伦·麦席森·图灵"这个名字，其在智能科学技术领域的地位已无须多言。一般来说，人们对图灵机的创造，以及图灵检验有较为统一的认识，即智能的标准。在现代智能概念形成的初期，图灵在其最重要的文章中写道："我建议来考虑这个问题：机器能思考吗?"图灵的真正目的是找到一个可操作（关于智能存在）的标准（这个标准至今依然被认为是唯一的可行标准）：如果一台机器"表现得"和一个能思考的人类一样，那么我们就几乎可将之认定为是在"思考"的。如此，智能概念的意义从人的智能延伸到了机器表征，使其通过信息处理和计算分析与人的智能相互联系。

"机器学习"的数学基础是统计学、信息论和控制论，还包括其他非数学学科。这类"机器学习"对"经验"的依赖性很强，计算机需要不断从解决一类问题的经验中获取知识、学习策略，在遇到类似的问题时，运用经验中获取的知识解决问题并积累新的经验，就像普通人一样。我们可以将这样的学习方式称为"连续型学习"。但人类除了会从经验中学习之外还会创造，即"跳跃型学习"，这在某些情形下被称为"灵感"或"顿悟"。一直以来，计算机最难学会的就是"顿悟"，或者再严格一些来说，计算机在学习和"实践"方面难以学会"不依赖于量变的质变"，很难从一种"质"直接到另一种"质"，或者从一个"概念"直接到另一个"概念"。正因为如此，这里的"实践"并非同人类一样的实践。人类的实践过程同时包括经验和创造，这是智能化研究者梦寐以求的东西。

人工智能在计算机领域得到了愈加广泛的重视，并在机器人、经济政治决策、控制系统、仿真系统中得到应用。

第二节　人工智能的发展历史

自古以来，人类就力图根据自己的认识水平和当时的技术条件，试图用机器来代替人进行部分脑力劳动，以提高人类自身征服自然的能力。公元850年，古希腊就有制造机器人帮助人们劳动的传说；在我国公元前900多年，也有对歌舞机器人传说的记载，这说明古代人类就有对于人工智能的幻想。随着历史的发展，12世纪末至13世纪初，西班牙的神学家和逻辑学家罗门·卢乐（Romen Luee）试图制造能解决各种问题的通用逻辑机。17世纪法国物理学家和数学家布莱士·帕斯卡（B. Pascal）制成了世界第一台会演算的机械加法器并投入实际应用。随后德国数学家和哲学家莱布尼茨在这台加法器的基础上发展并制成了进行全部四则运算的计算器。他还提出了逻辑机的设计思想，即通过符号体系，对对象的特征进行推理，这种"万能符号"和"推理计算"的思想是现代化"思考"机器的萌芽，因而他被后人誉为数理逻辑的第一个奠基人。接着，英国数学家和逻辑学家乔治·布尔（George Boole）初步实现了莱布尼茨关于思维符号化和数学化的思想，提出了一种崭新的代数系统，这就是后来在计算机上广泛应用的布尔代数。19世纪末，英国数学家和力学家查尔斯·巴贝奇（C. Babbage）致力于差分机和分析机的研究，虽因条件限制未能完全实现，但其设计思想是当年人工智能领域的最高成就。

一、人工智能的萌芽

进入 20 世纪后，人工智能相继出现若干开创性的工作。1936 年，年仅 24 岁的英国数学家（A. M. Turing）在他的一篇"理想计算机"的论文中，就提出了著名的图灵机模型，1945 年他进一步论述了电子数字计算机的设计思想，1950 年他又在《计算机能思维吗？》一文中提出了机器能够思维的论述，可以说这些都是图灵为人工智能所做的杰出贡献。1946 年，美国科学家约翰·莫奇利（J. W. Mauchly）等人制成了世界上第一台电子数字计算机 ENIAC，随后又有不少人为计算机的实用化不懈奋斗，其中贡献卓著的应当是冯·诺依曼（Von Neumann）。目前世界上占统治地位的计算机依然是冯·诺依曼计算机。电子计算机的研制成功是许多代人坚持不懈、努力的结果，这项划时代的成果为人工智能研究奠定了坚实的物质基础。同一时期，美国数学家诺伯特·维纳（N. Wiener）创立了控制论，美国数学家克劳德·艾尔伍德·香农（C. E. Shannon）创立了信息论，英国生物学家艾什比（W. R. Ashby）设计的脑模型等，这一切都为人工智能学科的诞生做出了在理论和实验工具上的巨大贡献。

二、人工智能的积累

1956 年夏季，在美国达特茅斯学院（Dartmouth College），由青年数学助教麦卡锡（J. McCarthy）和他的 3 位朋友明斯基（M. Minsky）、朗彻斯特（N. Lochester）和香农（C. Shannor）共同发起，邀请 IBM 公司的摩尔（T. More）和萨缪尔（A.Samuel），MIT 的塞夫里奇（O. Selfridge）和索罗门夫（R. Solomonff），以及 RAND 公司和卡内基·梅隆大学的 A.Newell 和 H.A.Simon 等人参加夏季学术讨论班，历时两个月。这 10 位学者都是在数学、神经生理学、心理学、信息论和计算机科学等领域从事教学和研究工作的学者，在会上他们第一次正式使用了"人工智能"这一术语，从而开创了人工智能的研究方向。这次历史性的聚会被认为是人工智能学科正式诞生的标志，从此在美国组织了以人工智能为研究目标的几个研究组，如纽厄尔（A. Newell）和西蒙（H. Simon）的 Carnegie-RAND 协作组、Samuel 和 Gelernter 的 IBM 公司工程课题研究组、Minsky 和 McCarthy 的 MIT 研究组等。

　　这一时期人工智能的主要研究工作有以下几个方面。1957 年，纽厄尔、肖（J. Shaw）和西蒙等人的心理学小组编制出一个称为逻辑理论机（the logic theory machine，LT）的数学定理证明程序，当时该程序证明了罗素（B. A. W. Russell）和怀特海（A. N. Whitehand）和"数学原理"一书第二章中的 38 个定理。后来他们又揭示了人在解题时的思维过程大致可归结为 3 个阶段：①先想出大致的解题计划；②根据记忆中的公理、定理和推理规则组织解题过程；③进行方法和目的分析，修正解题计划这种思维活动。

　　不仅解数学题时的思维过程如此，解决其他问题时的思维过程也大致如此。基于这一思想，他们于 1960 年又编制了能解 10 种不同课题类型的通用问题求解程序 GPS（general problem solving），另外他们还发明了编程的表处理技术和"纽厄尔-肖-西蒙（NSS）"国际象棋机，和这些工作有联系的 Newell 关于自适应象棋机的论文和 Simon 关于问题求解和决策过程中合理选择和环境影响的行为理论的论文，也是当时信息处理研究方面的巨大成就。

　　1956 年，Samuel 研究的具有自学习、自组织、自适应能力的西洋跳棋程序是 IBM 小组进行得颇具影响力的一项工作，这个程序可以像一个优秀棋手那样，向前看几步来下棋。它还能学习棋谱，在分析大约 175 000 盘不同棋局后，可猜测出书上所有推荐的走步，准确率达 48%，这是机器模拟人类学习过程卓有成就的探索。1959 年这个程序曾战胜设计者本人，1962 年还击败了美国一个州的跳棋大师。

　　1959 年，MIT 小组 McCarthy 发明的表（符号）处理 LISP（list processing）语言，成为人工智能程序设计的主要语言，至今仍被广泛采用。1958 年 McCarthy 建立的行动计划咨询系统，以及 1960 年 Minsky 的论文"走向人工智能的步骤"，对人工智能的发展都起到了积极的作用。此外，1956 年艾弗拉姆·诺姆·乔姆斯基（A. N. Chomsky）的文法体系，1958 年 Selfridge 等人的模式识别系统程序等，都对人工智能的研究产生了有益的影响。这些早期成果，充分表明人工智能作为一门新兴学科正在茁壮成长。

　　20 世纪 60 年代以来，人工智能的研究活动越来越受到重视。为了揭示智能的有关原理，研究者们相继对问题求解、博弈、定理证明、程序设计、机器视觉、自然语言理解等领域的课题进行了深入的研究。几十年来，不但对课题的研究有所扩展和深入，而且还逐渐搞清了这些课题共同的基本核心问题及它们和其他学科间的相互关系。

1974 年，尼尔斯·约翰·尼尔森（N. J. Nillson）对人工智能发展时期的一些工作写过一篇综述论文，他把人工智能的研究归纳为 4 个核心课题和 8 个应用课题。这 4 个具有一般意义的核心课题是：知识的模型化和表示方法；启发式搜索理论；各种推理方法（演绎推理、规划、常识性推理、归纳推理等）；人工智能系统结构和语言。而 8 个应用课题是：自然语言理解（natural language understanding）；数据库的智能检索（intelligent retrieval from database）；专家咨询系统（expert consulting systems）；定理证明（theorem proving）；博弈（game playing）；机器人学（robotics）；自动程序设计（automatic programming）；组合调度问题（combinatorial and scheduling problems）。

这些课题的新成果极大地推动了人工智能应用课题的研究。这一时期学术交流的发展对人工智能的研究有很大的推动作用。

1969 年，国际人工智能联合会成立（International Joint Conference on Artificial Intelligence），并举行了第一次学术会议——IJCAI-69。随着人工智能研究的发展，1974 年又成立了欧洲人工智能学会 ECAI（European Conference on Artificial Intelligence），并召开第一次会议。此外许多国家也都有本国的人工智能学术团体。在人工智能刊物方面，Elsevier Science 发行了《国际性期刊》（*Artificial Intelligence*），爱丁堡大学还不定期出版 *Machine Intelligence* 杂志，还有 IJCAI 会议文集，ECAI 会议文集等。此外，许多国际知名刊物也刊载了有关人工智能的文章。

三、人工智能的成熟

20 世纪 90 年代以来，人工智能研究出现了新的高潮。这一方面是因为人工智能在理论方面有了新的进展，另一方面是因为计算机硬件突飞猛进的发展。随着计算机速度的不断提高，存储容量的不断扩大，价格的不断降低，以及网络技术的不断发展，许多原来无法完成的工作现在已经能够实现。因此，人工智能研究也就进入繁荣期。目前人工智能研究的 3 个热点是智能接口、数据挖掘、主体及多主体系统，其中有些技术已经得到实用。技术的发展总是超乎人们的想象，从目前的一些前瞻性研究可以看出未来人工智能可能会朝以下几个方面发展：模糊处理、并行化、神经网络和机器情感。人工智能一直处于计算机技术的前沿，人工智能研究的理论和发现在很大程度上将决定计算机技术的发展方向。如今，已经有很多人工智能的研究成果进入人们的日常生活。将来，人工智能技术的发展将会给人们的生活、工作和教育等带来更大的影响。

第三节　人工智能的学科展望

2016 年 10 月，美国白宫科技政策办公室（The White House Office of Science and Technology Policy，OSTP）相继发布了两份关于人工智能领域的美国国家战略报告——《国家人工智能发展与研究战略计划》（*The National Artificial Intelligence Research and Development Strategic Plan*）及《为人工智能的未来做好准备》（*Preparing for the Future of the Artificial Intelligence*），标志着作为世界上最有影响力、最发达的美国，开始了面向人工智能时代的努力。人类发展的历史表明，任何一种划时代的技术都会对文明的演化产生深刻乃至决定性的影响。

一、人工智能与其他学科的关系

人工智能学科涉及计算机科学、控制论、信息论、神经心理学、哲学及语言学等多个学科，是一门新理论和新技术不断出现的综合性边缘学科。人工智能与思维科学是实践和理论的关系，属于思维科学的技术应用层次，延伸人脑的功能，实现脑力劳动的自动化。

作为一门多学科交叉的学科，人工智能在机器学习、模式识别、机器视觉、机器人学、航空航天、自然语言理解、Web 知识发现等领域取得了突破性进展。人工智能的研究方法、学术流派、理论知识非常丰富，应用领域十分广泛。

人工智能的知识体系见表 1-1、表 1-2。从思维观点上看，人工智能不仅仅限于逻辑思维，同时需要形象思维和灵感思维。人工智能是一个庞大的家族，包括众多的基础理论、重要的成果及算法、学科分支和应用领域等。如果将人工智能家族作为一棵树来描述，智能机器应作为树的最终节点。可将人工智能划分为问题求解、学习与发现、感知与理解、系统与建造，该划分总结了人工智能家族的知识体系及其相关的学科、理论基础、代表性成果和方法。

表 1-1　人工智能及分类

人工智能	研究内容	研究方法	内　容　描　述
符号智能	知识模型化及表示	谓词逻辑	以逻辑表示知识，利用逻辑进行推理
		产生式表示	通过产生式规则表示知识
		语义网络	通过概念和语义关系网络化表达知识
		框　架	采用语义网络的节点、槽和值结构化表示知识
	搜索理论	盲目搜索	不采用启发信息的穷举式搜索
		启发式搜索	采用领域相关的启发性知识进行搜索
	自动推理	归结推理	通过消解从父辈子句中推导出新的子句
		规则演绎推理	从规则的 IF 部分向 THEN 部分推理，或反之
	不确定性推理	确定性推理	前提证据和结论的确定性，决定推理结果
		主观 Bayes 方法	依据概率统计理论，结合 Bayes 公式和主观经验
		证据理论	经典概率论扩充，将证据的信任函数与概率上下值联系
	知识组织和管理	专家系统	专家知识存入知识库、通过推理问题求解
	符号学习	决策树、ID3	以符号运算为基础，获取概念及规则

9

续表

人工智能	研究内容	研究方法	内 容 描 述
计算智能	进化计算	遗传算法、进化算法	获取优良后代，种群进行随机搜索
	模糊逻辑	模糊推理	基于不确定性知识模糊规则的推理方法
	神经计算	神经网络学习	通过学习调节网络内的权值，使知识蕴含在权值内
	统计学习	支持向量机	通过类别相邻处的支持向量产生判别函数

表 1-2　人工智能知识体系

知识单元	相关学科	理论基础	描 述	成果及算法
问题求解	图搜索	启发式搜索	问题空间中进行符号推演	博弈树搜索、A*算法
	优化搜索	智能计算	以计算方式随机进行求解	遗传算法、粒子群算法
学习与发现	机器学习	符号学习	符号数据为输入，进行推理，学习概念或规则	决策树、机械学习、类比学习、归纳学习
		连接学习	通过学习调节网络内部权值，使输出呈现规律性	BP 算法、Hopfield 神经网络
		统计学习	将学习性与计算复杂性联系	支持向量机
	知识发现数据挖掘	机器学习、智能计算、粗集和模糊集	用搜索方法从数据库或数据集中发现的知识或模式	分类、聚类、关联规则、序列模式
感知与理解	模式识别	机器学习	提取对象类特征，机器学习产生分类知识，对待识别模式进行类别判决	通过模式、判别函数、统计、神经网络等方法识别指纹、人脸、语音及文字等
	自然语言理解	知识表达推理方法	通过关键字匹配、句法分析、语义分析等方法进行理解	机器翻译、语音理解程序
	机器视觉	图像处理、模式识别、机器学习	由低层视觉提取对象特征，通过机器学习理解视觉对象	3D 景物建模与识别、机器人装配、卫星图像处理

知识单元	相关学科	理论基础	描　述	成果及算法
系统与建造	专家系统	产生式系统	专家知识放入知识库，推理机对用户提问进行推理和解释，中间数据放入数据库	基于规则、模型和框架专家系统
	Agent 系统	知识表示、推理、机器学习、模式识别	Agent 是封装的实体，感知环境并接收反馈，运用自身知识问题求解。与其他 Agent 协同	Agent 理论、多 Agent 协同系统
	智能机器人	Agent 理论	具有感知机能、运动机能、思维机能、通信机能	智能机器、自动导航无人飞机

二、人工智能的发展瓶颈问题

20 世纪 60 年代末、70 年代初，人工智能取得进展，进入它的辉煌时期。这种辉煌主要表现在两个方面：一方面人们利用符号表示逻辑推理的方法，通过计算机的启发式编程（heurisric programming），成功地建立了一种人类深思熟虑行为（deliberative behaviors）的智能模型，表明用计算机程序的确可以准确地模拟人类的一类智能行为，这是一个突破；另一方面，人们运用同样的模型，成功地在计算机上建造了一系列实用的人造智能系统（专家系统），其性能可以与人类的同类智能相匹敌，表明通过计算机编程的确能够建造人工智能系统，这是另一个突破。这两项突破表明，以逻辑为基础的符号计算（处理）方法，无论在智能模拟上，还是在智能系统建造上都能成功。这样人工智能进入了它的兴盛时期，我们暂且称它为传统人工智能时代。在这段时期，人们对人工智能的发展前途充满信心，各种各样的专家系统在工程、医疗卫生和服务等行业得到实际应用。人工智能研究经费充足，以经营人工智能产品为业的公司纷纷成立，人工智能研究人员猛增，比如，出席第 10 届国际人工智能会议（IJCAI-87，米兰）的人数为 5 000～6 000 人，人工智能界一派乐观情绪。在这种情绪支配下，20 世纪 80 年代初，美国、欧洲和日本都先后制定了一批针对人工智能的大型项目，其目的是实现人工智能的进一步突破。其中大家熟知的有，日本的"五代机"计划和美国的 ALV（Autonomous Land Vehicle）计划等。

可惜的是，这些计划的多数执行到 20 世纪 80 年代中期时就面临重重的困难，已经看出不能达到预期的目标。进一步分析便发现，这些困难不只是个别项目的制定问题，而是涉及人工智能研究的根本性问题。总的来说，是两个根本性问题，第一，交互（interaction）问题，即传统方法只能模拟人类深思熟虑的行为，而不包括人与环境的交互行为，因此根据这种模型建造的人工智能系统，也基本上不具备这种能力。显然，这类系统很难在动态和不确定的环境中使用。美国的 ALV 计划就是试图建造一种能在越野环境下自主行驶的车辆，这种车辆必须具备与环境的交互能力，以适应环境的不确定性和动态变化。可是依据传统人工智能的方法难以建立这样的系统，这也是 ALV 计划遇到困难的根本原因。第二，扩展（scaling up）问题，即传统人工智能方法只适用于建造领域狭窄的专家系统，不能把这种方法简单地推广到规模更大、领域更宽的复杂系统中去。日本"五代机"计划的不成功，其原因也在于此。正是由于这两个基本问题及其他的技术困难，使人工智能研究进入了低谷。

人工智能研究出现曲折，迫使人们进行反思。人们从对传统人工智能时代的反思中发现，过去 30 年里，以逻辑为基础、以启发式编程为特征的传统人工智能虽然取得了很大的成就（特别是建造出一批实用的专家系统），使人工智能在工业、商业及军事等各应用领域表现出它的价值，引起广泛的重视。但是如果从人工智能的理论基础和技术方法上看，它的成就则是非常有限的，因此人工智能要进一步发展，必须突破这一局限性。

（一）AI 方法论

20 世纪 80 年代，以 MIT 的罗德尼·布鲁克斯（Rodney Brooks）等人为代表，对传统的人工智能研究提出了挑战。他们研制了一批小型的移动机器人，这批机器人与 CMU 研制的移动机器人形成强烈的反差，CMU 使用的是大卡车，上面装备的是高速计算机、激光雷达、彩色摄像机和全球卫星定位系统（GPS）等大型设备。MIT 用的是玩具车（铁昆虫），上面装的是单板机、红外传感器和接触开关等小器件。于是，一场关于谁是"真正"机器人的争论在他们之间展开了。CMU 批评 MIT 的机器人说："那只是一只小玩具，供表演罢了。"MIT 也不示弱，针锋相对地说："CMU 的机器人固然很大，但离实用更远，因此不过是大玩具而已。"MIT 认为自己能够用比 CMU 简单得多的设备做出智能相当的移动机器人，这一点比 CMU 高明。当然，争论的最后结果只能是平局，因为他们各自代表了两种不同的智能观和研究路线。CMU 代表的是传统的人工智能观，他们建造的移动机器人系统，采用的是"环境建模—规划—控制"的纵向体系结构，其机器人的智能表现在对环境的深刻理解及在此基础上深思熟虑的推理和决策，因此它需要强有力的传感和计算设备来支持复杂的环境建模和寻找正确的决策方案。Brooks 则遵循另外的路线，即感知——动作（控制）的横向体系结构，他认为机器人的智能应表现在对环境刺激的及时反应上，表现在对环境的适应，以及复杂环境下的生存能力，因此 Brooks 称自己的思想为"没有推理"的智能。Brooks 的探索性工作代表了人工智能一个新的研究方向——现场人工智能。

　　传统人工智能强调的是人类深思熟虑的行为，它的智能行为来源于启发式搜索。现场人工智能强调智能体应该工作在它的环境中，它的智能行为来源于环境信息的反馈，通过与环境的交互表现增长它的智能。这是两个完全不同的研究路线与方法，我们这里将着重讨论现场人工智能给人工智能研究带来的影响。传统人工智能研究和模拟的只是人类深思熟虑的行为，从内容上讲，有很大的局限性。现场人工智能强调智能体与环境的交互，为了实现这种交互，智能体一方面要从环境获取信息（感知），另一方面要通过自己的动作对环境施加影响。显然，这些行为的大部分不是深思熟虑的，而是一种反射行为（reactive behaviors），即智能体在接受外界信息刺激后，如何迅速采取行动的问题，或者当预定的行为失败之后，如何立即改变行为的问题。在这个方面，人类行为的模式与传统人工智能所研究的模式不完全一样。

　　现场人工智能的提出，扩展了人类思维研究和模拟的范围。其实，早在数年前，钱学森和戴汝为教授在论述思维的形式中，已经提到人类除了逻辑思维之外，还存在形象思维及顿悟等思维形式，并强调研究其他思维形式及其模拟的重要性。近年来，由于现场人工智能的提出及盛行，国际上已普遍开始重视人类其他思维形式的研究。H. A. Simon 在他的获奖特邀报告中，以"解释说不清现象——人工智能关于直觉、顿悟和灵感问题"为题，专门谈及这些智能中"说不清"的现象及其模拟问题。根据他的意见，目前计算机程序已经有可能模拟这个现象。当然，他只是就这些行为的计算机程序模拟而言，如果考虑到智能体与环境的交互，问题恐怕要复杂得多。

从方法上讲，传统人工智能方法也有其局限性。传统方法根据人类的先验知识，采取构造的方法，构造一个启发式搜索的问题求解模型，这是一个无反馈的孤立系统，对推理和学习都适用。传统人工智能方法的核心是使用先验知识和搜索技术，因此当先验知识丰富且易于表达时，问题求解（搜索）就十分容易；反之，我们就会面临计算（搜索）量大的困难。

从本质上讲，传统方法成功与否，取决于我们掌握知识（知道）的多少及精确的程度，从这一点来看，传统方法在处理不确定性、知识不完全性，以及学习等问题时必将遇到许多实质性困难，这就不难理解几十年来机器学习进展缓慢的原因。其实，机器学习与推理一样也是一种搜索，即搜索待学习的概念和知识，不同的只是在学习中先验知识更少一些。机器学习需要更多的搜索，因此势必带来计算量（搜索量）指数爆炸的困难。传统人工智能需要先验知识，即使对于学习也是一样，这就造成一种困难：机器要借助"已知"进行学习，而"已知"又需要通过学习来得到，那么最初的"已知"只能由教师（人）给予机器。

这就不难理解，传统方法难以实现机器自我学习的原因，要使人工智能技术向前发展，需要考虑同其他领域和技术的结合，现场人工智能为此提供了可能性。

现场人工智能也促使传统符号处理机制与连接机制的集成，目前这种集成也正在发展中。大家知道，当传统的人工智能方法出现困难的时候，以神经网络为代表的连接机制正在崛起。因为知识在神经网络中是以符号方式表示的，所以接受感知信息比较容易，从而容易与环境交互，人们开始对它寄予很大希望，以为这种方法在许多方面可以取代传统的方法。不过，经过十年多的实践，人们发现神经网络固然有许多特点，但在解决复杂问题时，也同样存在扩大规模的基本问题。当神经网络规模扩大时，学习复杂性也出现指数爆炸现象，所以唯一的出路，是寻找结合的途径。目前来讲，两个方向的渗透都在进行之中，一个是把神经网络机制引入传统人工智能，特别是把它的自学习机制和大规模并行计算引入人工智能的传统方法；另一个是将符号表示和处理引入神经网络，即把先验知识和构造性方法引入神经网络的设计和学习过程，通过相互渗透使两种机制结合起来。

现场人工智能不能只被简单地看成是对传统人工智能的否定，或者把它与传统人工智能对立起来简单地评判谁是谁非，而应该把它看成是传统人工智能的发展和补充，它使传统人工智能无论在研究的内容还是研究的方法上都有了新的扩展。同时，把人工智能研究推向现场，使人工智能研究更加实用化，这些都是人工智能研究的进步。

（二）智能系统的构成

怎样构造复杂的智能系统以达到人工智能研究扩大规模的目的呢？换句话讲，复杂智能系统是由怎样的部件组成，而这些部件又如何组成智能系统的？为解决上述问题，近年来人工智能界提出了两个重要的思想和主张：综合集成；智能体。

综合集成这个概念先后在不同的技术领域出现并使用过，但含义不尽相同。今天人工智能所提出的综合集成概念，则有更深、更广的意义。戴汝为教授等对综合集成已进行了很全面的论述，具体地把综合集成的研究方法分为3类：①研究能集成不同学科的方法；②人机集成方法；③创造新的表达、推理和学习方法。这很有指导意义。

近年来，对于前两种集成，国际上的讨论已经多起来，虽然各自的主张和理解不完全相同，但大家的共识是，综合集成是一个很关键的问题。中国学者对于人机集成这方面的讨论更多也更深入，并具体划分了几个不同的层次，如机帮人、人帮机、人机协作等。事实上，在国外，20世纪80年代初，人们一度热心于全自主机器的研制，如CMU的ALV计划，其目标是要实现一个能够越野的自主车。不过之后人们发现这是一项极难的研究任务，短期内很难完成。近年来，CMU推出一项极为成功的实验，这就是一辆他们研制的视觉导引小汽车，实现了从美国匹兹堡（校园所在地）到洛杉矶高速公路上的"自动"驾驶实验。它成功地横穿全美国，日夜兼程，风雨无阻，行程2849英里。这项实验得到了大汽车公司的赞助，并在美国报纸上详细报道、广为宣传，说明大家对此十分感兴趣。这里我们需要分析该实验是在什么条件下完成的。首先，高速公路是一个半结构化的环境，条件要比越野简单，易于实现；其次，它并不是完全自动驾驶，车上仍有人监视，紧急情况下可给予干预。实验的结果是，自动驾驶占里程的98.2%，人工干预只占里程的1.8%，这当然很成功。不过这个1.8%很重要，说明关键时刻，还需要人的帮助，这是典型的"人帮机"模式，说明目前高速公路上的自动驾驶"人帮机"模式可以在实验条件下实现。如果实际应用，据说只能采取"机帮人"的模式，即主要靠人驾驶，机器只作为人的帮手，在驾驶员疲劳或注意力不集中时提出警告、帮人一把。汽车公司感兴趣的正是这种模式，即提供一种汽车自动报警系统实现"机帮人"。

如何创造一种新的表示和推理方法，实现不精确处理与精确处理的综合集成，是人工智能的关键问题之一。首先，分析一下人类为什么善于把精确处理与不精确处理结合起来，从而能方便地解决复杂的困难问题；相反，求解同一问题，对机器来讲却十分困难。原因之一是，人类善于从不同层次（不同分辨率）上观察同一问题，并能在不同分辨率的空间上进行推理、分析，并自如地往返于不同表示空间之间。但是，机器通常只能在单一分辨率（粒度）空间上求解问题，因此计算复杂性高、困难大。比如，一座城市，我们可以从很高的分辨率（细粒度）上去观察它，于是我们看到许多细节，如道路、建筑物、车辆等，就可以说，我们对该城市有了精确的定量知识，如哪一条道路有多长、多宽等。如果观察手段有限，信息不完全，我们只能从很低的分辨率（粗粒度）上去观察它，得到一些不精确的定性知识，比如只知道从甲地到乙地有道路相通，但并不知道道路具体有多长、有多宽、在哪里拐弯等。如果我们的任务是选择一条从甲地旅行到乙地的道路，当我们同时具备精确（定量）与不精确（定性）的知识时，我们可以采取从定性到定量的综合处理办法，即先从定性不精确知识中粗略看一下甲地到乙地究竟有没有道路、有几条，道路的大体走向如何等，并从中选择出一条来。然后再根据精确的定量知识，最后确定如何从甲地旅行到乙地。然而，机器处理问题的办法完全不同，它只能在精确的城市地图上一步步地搜索，考虑所有的细节。如果发现哪一条道路走不通，则需要另选一条重新开始，这就是机器解决问题效率不高的原因，因为它只能在单一精确的（细粒度）层次上解决问题。为使机器具备从定性到定量的综合处理能力，需要找出一种能做不同分辨率表示的方法。

近 10 年来，我们研究出了一种问题分层求解的商空间理论，它通过代数中的商空间理论来表示不同层次的知识，并使不同分辨率表示之间的转换变得十分简单。理论分析表明，运用这种方法后，机器求解问题的效率会大大地提高。以上述的路径规划为例，城市对于精确的定量表示可以采用一般的几何方法（地图），对于不精确的定性表示，可采用拓扑的方法（如特征网），它只要表示哪些地区是连通的，即是否有路可通。于是我们的规划可分为两层：先是在拓扑空间中进行定性的规划，找出一条大致的道路，然后在几何空间中定量规划，具体地找出一条几何通路。显然，采取这种多分辨率的求解方法，搜索工作量要降低很多。当然，其关键是要找到这两种表示的联系，正如我们所知，拓扑学中的同伦等价变换可以把定性的拓扑空间与定量的几何空间联系起来。有了这种办法，精确与不精确处理的综合集成就有了可能。

1977 年，在人工智能研究中，当 MIT 的德尔克尔（Delkeer）提出定性建模与定性分析的概念时，许多人对此表示有极大的兴趣，人们希望机器具有这种能力。Delkeer 采用的例子是实数空间，他把该空间做了最粗略的划分，分为（−，0，+）3 个区域，他又把算术运算（加、减、乘、除）引到这 3 个量的运算中，得到一个最简单的定性处理模型。他利用这种模型去分析电子电路中的电压、电流变化，得出一些有意义的定性结果，引起人们对定性处理的广泛兴趣。由于定性知识信息量很少，单纯依靠定性处理，推理过程中会产生大量信息衰减现象，一般很难获得有意义的结果。1988 年，穆尔特（S. S. Murt）做出了补充，提出了多分辨率定性推理的概念，使单纯定性推理摆脱了困境。他的基本思路是，所谓定性、定量对实数轴来讲只是代表了不同分辨率的划分，把实轴粗划分为 3 个区（−，0，+），我们得到的是定性描述；划分得细一点就是定量。通过这种关系，我们可以把定性和定量分析结合起来。当信息不完全、知识有限时我们只做定性处理，有了进一步的信息，则进入更细的空间做处理，相互补充、定性与定量结合就可获得更好的结果。因此多分辨率表示和处理方法是解决综合集成的一个重要方法。

关于认知、模型与计算等学科之间的综合集成，我们称之为纵向学科集成。而人工智能、计算机与自动化等学科之间的集成，我们称为横向学科（信息科学内部）集成，两者统称为多学科（multi-discipline）集成。怎样才能实现学科之间的综合集成?各个学科有自己的研究重点，有自己的理论、概念和方法。如上所述，传统人工智能注重的是搜索，自动控制论侧重的是反馈，如何实现搜索与反馈技术之间的综合集成?这里关键的一步是，先要实现学科之间的交叉与渗透，反馈理论渗透到人工智能中去，引起传统人工智能的变化，人工智能的基本理论（搜索、规划、推理和学习等）发生了变化，它们再也不能只是在完全信息假设下进行研究和发展了，而要考虑不完全信息、资源限制、有信息反馈的动态环境，于是传统人工智能被改造了；人工智能方法也向控制理论渗透，符号处理被引入传统控制理论，"反馈"受到规划和搜索的引导，因此传统控制理论发展成为新的智能控制理论。在这种条件下，我们就有可能创立一种新的综合集成的方法。

（三）复杂智能系统

复杂智能系统应由什么样的部件组成？我们知道一般的智能系统，如专家系统是由各个功能模块组成的，如推理模块、知识库模块和解释模块等。复杂智能系统是不是具有相同的结构，由各功能模块组成或是只要数量更多、功能更复杂就行了?近年来，人工智能研究表明，要解决智能系统的规模扩大问题，单元模块的概念必须彻底更新，要从模块推广延伸为智能体，模块是被动的构造单元，它的功能是不变的，设计人员在设计过程中，系统或用户在运行过程中，可以根据需要随时调用所需的模块，达到复用的目的。模块化的概念在系统设计和运行中起到重要作用，它简化了系统的设计，提高了系统的性能。发展到复杂智能系统，被动的功能模块已经不够用了。比如，计算机互联网到1994年5月为止，已经联结3.1个子网、200万台计算机，超过2 000万人在上面工作。此外，每10分钟有一个新网联进来，信息每时每刻都在变化，为了有效地使用这种网络，通过用户或系统调用有关模块的工作方式已经不适用了，人们正在把智能体的概念引进来，使每个信息模块成为智能体，各自具有自主性、适应性和智能水平，能够根据用户的要求，主动提供优质的服务。整个网络成为一个多智能体的智能分布系统。最近智能体的概念备受重视，被各个领域反复使用，于是出现了像软件智能体（software agent）、自治智能体（autonomous agent），以及 softbot（software robot）等。因此我们不难理解为什么把社群（society）和研讨会（workshop）等作为智能系统可供选择的体系结构。

（四）人工智能与控制论

人工智能在它的发展初期和控制论有密切的关系，人们在提起人工智能的发展史时并没有忘记控制论的贡献。可是到 20 世纪七八十年代，当符号推理机制在人工智能中占主导地位后，启发式编程变成人工智能的同义语，计算机专家成为人工智能研究的主力，人们几乎把控制论忘了。近年来，人工智能走向了现场，又一次向控制论靠拢，于是控制界掀起一股智能化的热潮。建立智能控制这一新学科的任务在世界范围内酝酿着，但是应该怎样建立这样一个新学科？对控制界来讲，多数人并没有仔细考虑过，目前人们只是急于把各个新领域，如人工智能、神经网络、模糊逻辑中的新工具移植过来以解决传统控制所遇到的困难。但人们开始认识到这种做法已经不够了，美、俄两国的控制论专家已经坐在一起共同探讨如何建立智能控制问题。他们回顾了人类科学史上 3 次科学思想方法的大转变：最早的科学思想方法是亚里士多德建立的，他们崇尚知识，而科学的建立和发展需要依靠知识的扩充；工业革命后，牛顿法占统治地位，人们追求简单的数学定律，也就是人们所谓的还原主义；进入信息时代，概率统计起了主导作用。今天，当人们进入复杂的信息处理时代时，必须实现第四次科学思想方法上的转变。那么智能控制应采用什么方法呢?他们认为那将是一个多分辨率的知识表示的时代，这个时代应该以符号学为特征。这种主张有一定道理，库尔特·哥德尔（K. Godel）说过："没有一个在特定分辨率层次上形成的知识系统能够完全解释那个层次，必须具有一个高层元知识才能完全解释它。然而当我们着手去构造这个更一般的元知识时，它也要求更高一层的元知识去解释它。"因此我们需要多分辨率（多层次）表示方法。

这里有两点值得我们重视：其一，要建立智能控制这一新领域，我们需要一个新的体系，这个体系不是简单地把某几个领域叠加起来，而是多种表示的综合集成；其二，人工智能在智能控制形成中应占主导地位。

三、人工智能的伦理与哲学问题

人工智能的迅速发展给人的生活带来了一些困扰与不安，尤其是在奇点理论提出后，很多人认为机器的迅速发展会给人类带来极大的危险，随之而来的很多机器事故与机器武器的产生更加印证了人们的这种想法。因此机器伦理、机器道德的问题成为热点。

（一）伦理的概念

伦理一词，英文称为"ethics"，这一词源自希腊文的"ethos"，其意义与拉丁文"mores"差不多，表示风俗、习惯的意思。西方的伦理学发展流派纷呈，比较经典的有叔本华的唯意志主义伦理流派、詹姆斯的实用主义伦理学流派、斯宾塞的进化论伦理学流派还有海德格尔的存在主义伦理学流派。其中，存在主义是西方影响最广泛的伦理学流派，始终把自由作为其伦理学的核心，认为"自由是价值的唯一源泉"。

在我国，伦理的概念要追溯到公元前 6 世纪，《周易》《尚书》已出现单用的伦、理。前者即指人们的关系，"三纲五伦""伦理纲常"中的伦即人伦。而后者则指条理和道理，指人们应遵循的行为准则。与西方相似，不同学派的伦理观差别很大，儒家强调"仁、孝、悌、忠、信"与道德修养，墨家信奉"兼相爱，交相利"，而法家则重视法治高于教化，人性本恶，要靠法来相制约。

总的来说，伦理是哲学的分支，是研究社会道德现象及其规律的科学，其研究是很有必要的。因为伦理不但可以建立起一种人与人之间的关系，并且可以通过一种潜在的价值观来对人的行为产生制约与影响。很难想象，没有伦理的概念，我们的社会有什么人伦与秩序可言。

（二）人工智能伦理

其实在人工智能伦理一词诞生以前，很多学者就对机器与人的关系进行过研究，并发表了自己的意见。早在1950年，诺伯特·维纳在《人有人的用处：控制论与社会》一书中就曾经担心自动化技术将会造成"人脑的贬值"。20世纪70年代，休伯特·德雷弗斯（Hubert Dreyfus）曾经连续发表文章《炼金术与人工智能》《计算机不能做什么》，从生物、心理学的层次得出了人工智能必将失败的结论。而有关机器伦理（与人工智能伦理相似）的概念则源自《走向机器伦理》一文。文中明确提出：机器伦理关注机器对人类使用者和其他机器带来的行为结果。文章的作者之一迈克尔·安德森表示，随着机器越来越智能化，它们也应当承担一些社会责任，并具有伦理观念。这样可以帮助人类及自身更好地进行智能决策。无独有偶，2008年英国计算机专家诺艾尔·夏基教授就曾经呼吁人类应该尽快制定机器（人）相关方面的道德伦理准则。目前国外对于人工智能伦理的研究相对较多，如2005年欧洲机器人研究网络（EURON）的《机器人伦理学路线图》、韩国工商能源部颁布的《机器人伦理宪章》、美国航空航天局（NASA）对"机器人伦理学"进行的资助等。而且国外相关的文献也相对丰富，主要集中在机器人法律、安全与社会伦理问题方面。国内方面相关研究起步较晚，研究不如国外系统全面。但是近些年来，相关学者也将重点放在人工智能的伦理方面。相关文献有《机器人技术的伦理边界》《人权：机器人能够获得吗?》《我们要给机器人以"人权"吗?》《给机器人做规矩了，要赶紧了?》《人工智能与法律问题初探》，等等。值得一提的是，从以上文献可以看出，我国学者已经从单纯的技术伦理问题转向人机交互关系中的伦理研究，这无疑是很大的进步。

（三）人工智能哲学

20世纪西方科学哲学的发展，经历了向"语言研究"和"认知研究"的两大转向，认识论的研究在不断去形而上学化的同时，正在走向与科学研究协同发展的道路。作为当代人工智能科学的基础性研究，认知研究的目的是清楚地了解人脑意识活动的结构与过程，对人类意识的智、情、意三者的结合作出符合逻辑的说明，以使人工智能专家们便于对这些意识的过程进行形式的表达。人工智能要模拟人的意识，首先就必须研究意识的结构与活动。意识究竟是如何实现可能的呢?塞尔说道："说明某物是如何实现的最好方式，就是去揭示它如何实际地存在。"这就使认知科学获得了推进人工智能发展的关键性意义，这就是认知转向为什么会发生的最重要原因。

由于哲学与认知心理学、认知神经科学、脑科学、人工智能等学科之间的协同关系，无论计算机科学与技术如何发展，从物理符号系统、专家系统、知识工程，到生物计算机与量子计算机的发展，都离不开哲学对人类意识活动的整个过程及其各种因素的认识与理解。人工智能的发展一刻也离不开哲学对人类心灵的探讨。

人工智能的哲学问题已不是人工智能的本质是什么，而是要解决一些较为具体的智能模拟方面的问题。这些问题包括如下几个方面。

1.关于意向性问题

人脑的最大特点是具有意向性与主观性，并且人的心理活动能够引起物理活动，心身是相互作用的。大脑的活动通过生理过程引起身体的运动，心理状态是脑的特征。确实存在着心理状态，其中一部分是有意识的，大部分是具有意向性的，全部心理状态都是具有主观性的，大部分心理状态在决定世界中的物理事件时起着因果作用。

（1）究竟什么叫作意向性?机器人按照指令从事特定的行为是不是意向性?

（2）人类在行动之前就已经知道自己究竟是在做什么，具有自我意识，知道其行动将会产生什么样的结果，这是人类意识的重要特征。那么我们应该如何理解机器人按照指令从事某种行为呢?

（3）意向性能否被程序化?塞尔认为："脑功能产生的方式不可能是一种单纯操作计算机程序的方式。"

2.人工智能中的概念框架问题

任何科学都是建立在它所已知的知识之上的，甚至科学观察的能力也无不与已知的东西相关，我们只能依赖于已知的知识，才能理解未知的对象。知与未知永远都是一对矛盾体，两者总是相互并存又相互依赖。离开了已知，就无法认识未知；离开了未知，我们就不能使科学认识有所发展和进化。"科学就是学习如何观察自然，而且它的观察能力随着知识的增长而增长。"

概念框架问题是人工智能研究过程中最为棘手的核心问题，它所带来或引发的相关问题的研究是十分困难的。在这个问题上，基础性的研究是哲学的任务，即概念框架应当包含哪些因素，日常知识如何表达为确定的语句，人类智能中动机、情感的影响状况是如何的，如何解决某些心理因素对智能的不确定性影响。而人工智能的设计者们则要研究这些已知知识应当如何表达，机器人如何根据概念框架完成模式识别，概念框架与智能机行为之间如何联系，概念框架如何生成、补充、完善，以及在运用这个概念框架某部分知识的语境问题，等等。而至于智、情、意的形式表达方面，则是人工智能研究者的任务。

3.机器人行为中的语境问题

人工智能要能学习和运用知识，必须具备识别语言句子的语义的能力，在固定的系统中，语义是确定的。正因为这样，物理符号系统可以形式化。但是，在语言的运用中则不然，语言的意义是随语境的不同而有差别的。

实际上，人工智能也就是首先要找到我们思想中的这些命题或者其他因素的本原关系、逻辑关系，以及由此而映射出构成世界的本原关系、客体与客体之间的关系。最初的物理符号系统便是以此为基础的。但是，由于人们的思想受到了来自各方面的因素的影响，甚至语言命题的意义也不是绝对确定的，单个句子或原子命题的意义更是如此。因此，最初简单的一些文字处理与符号演算完全可以采取这种方式，但若进一步发展，例如机器与人之间的对话、感知外界事物、学习机等，就必须在设计时考虑语句所使用的场合及各种可能的意义。我们再回到路德维希·约瑟夫·约翰·维特根斯坦（Ludwig Josef Johann Wittgenstein）思想的发展。维特根斯坦的早期思想在哲学研究中遭到了来自各个方面的批评，主要的问题是语言的日常用法，是不可能按照维特根斯坦规定的那样来使用的。在日常的使用中，语言的实际用法即语境决定了语言命题的意义。"哲学不可用任何方式干涉语言的实际用法，因而它最终只能描述语言的用法。"人工智能在设计语言编码时，就不得不考虑整个思想，以及言语的各种情境条件对于句子意义的制约作用。然而困难在于找出那些与语言情境有关联的主观成分，而对于后者，则几乎是不可能的。因为外部情境是一个极不确定的因素，每一个场景都是不相同的，这只能根据社会文化的类型大致确定几种不同情境类型，社会化的认识论则将在这方面提出它们自己的见解。

4.日常化认识问题

人工智能模拟不仅要解决身心关系，即人脑的生理与心理的关系问题，而且还必须解决人脑的心理意识与思维的各个层次间的关系，以及人的认识随环境的变化而变化、随语境的变化而变化的问题。根据智能系统的层次性分析，我们可以逐步做到对各个层次的模拟，但是，智能层次性分析也只是一种抽象化的分析或理想化的分析而已。实际的智能是多个层次之间不可分割的相互关联着的整体，各层次间究竟是如何发生关联的，在什么情况下发生什么样的关联，这便涉及日常化的认识问题。

四、人工智能的前沿问题

科技商业预言家凯文·凯利（Kevin Kelly）在《人工智能与智能经济》的主旨报告中，观察了人类还未曾涉及的边界领域，犀利地提出了十条关于人工智能的前沿问题，预测出智能经济的发展方向。

（一）创造新的思维方式

有的人不理解人工智能，主要是因为它是不同的思维方式。实际上，我们的智能对自身的认识还很愚钝。我们并不知道什么才是真正的智能，有的时候很难进行一个所谓的多样化的总结。在我们的智能下，基本上我们把人工智能解释为IQ，它是一个单维度的事情，可能有更高的信号。从最小的，比如老鼠的人工智能，越来越大，一直到一个天才的智能，再到人工智能，这是完全错误的，以我们认为的大小来判断智能是错误的。

实际上，智能会有更为聪明的一面。我们有不同类型的智能，比方说你的计算器在你口袋里，从单个维度上讲，它在计算上比你更聪明；你手机中的GPS或者车辆中的GPS在空间的导向上比你功能更强；还有搜索引擎，百度在总的记忆方面比你强，因为它记住了 60 万亿的网页当中的每一个词。所以，我们自己这样的智能，其实就像这样的坡面，像一个交响乐，是不同部位思维的结果，非常个性化，一个人的智能和另外一个人的智能不一样。动物也有智能，而且是包括了不同类型，不同模式的思维。某些情况里面，像这样智力的维度，动物的智能也可以在人身上体现，比如，一个松鼠可以记住具体的位置，能够记住成千松果所埋的地方。

我们制造这些机器，也是制造了各种不同类型的智能机器，把各种各样的类型组合在一起。一开始这些机器都非常小，就像小的交响乐、小的坡面，非常小、小而美，但是有的时候，这些机器在维度上比人类伟大。我们现在有人工智能，它们有可以长期保持的记忆力，在这个方面已经超越了人类。非常重要的一点，这是不同类型的一些智能，并不是类似于人的智能。

所以我们可以思考一下，像人工智能这样的项目，我们其实就是要发明不同的思维，尽可能找到更多，也许是 100 个或是 1 000 个不同的思维。那么，要有千差万别的心智，正是如此，才会有很多的好处。这种不同，对我们来说是最佳的回报，也是为了解决科学或者商务工作中人很难解决的一些问题。我们需要发明另外一种思考、思维，帮助我们解决这些问题。

我们发明另外一种思维，一种比人类更加擅长帮助我们解决问题的思维。这种所思迥异，即不同的思维方式，就是我们新的经济引擎。机器能够帮助我们有差异化的思维，这是真正的价值所在。

走在人工智能的前沿，就是要有这种发明自然中不存在的思维方式。作为人类，我们发明了人工的飞行。我们一开始就是发明能够扑动的翅膀，这种翅膀开始不能飞行，只是机械地模仿自然。最后我们的机器却能够在空中飞行，是固定翼的飞行器，然后推进器，这种飞行的方式不是自然存在的，这是人工的飞行，是完全崭新的飞行方法，是人发明的。在人工智能方面我们所做的，就是开创一种新的思维方式。这种新的思维方式在自然当中是不存在的，将会成为最有利的思维方式。

（二）用感知来整合机器人

我们思考一下我们的前沿，是把所有不同的思维模式集成在一起。前面说到，其实有各种不同的思维方式（长期、短暂、语言的思维）构成我们的大脑。现在有人工智能，我们实现了一种这样的思维——感知。

感知，是对一种类型的判断。比如，视觉的感知，我们能够看出东西，然后能够听到这个东西，能够理解声音的图案，然后进行这种模仿，来模仿各种各样的感知。现在很多的工作，其实就是利用这样的感知来完成的。

机器，我们所制造的机器、人工智能，就是利用这样的感知。我们还要把其他各种各样的机器整合进去，整合了之后，更加的高级、更加的复杂，这是行业的前沿。我们要领先一步来合成这种希望的思维方式，只有这样我们才能有更加复杂的集成的智能，我们还没有到达这一步，这是我们的科学前沿。

（三）让人工智能成为公用工程

还有另外一个前沿，把我们的智力搬到"云"上去。在这个环节当中，所有的一切成为可能，是因为我们在 150 年之前，发现了人工动力。工业革命之前，我们所做的很多东西，必须要用自然的肌肉力，比如，人的肌肉力或者动物的肌肉力。比如，公路是我们用人力建造的，房屋也是人力建造的，一把椅子，也都是人力建造的。

工业化之后，人们开始使用人工动力。比如煤炭、石油或者水力，利用这些动力或者是人工的动力进行发电，通过电网输送人工的电能，可以分派这样的电能到任何地方。每一个人可以购买这种人工动力，然后制造其他的东西，把他们的家庭变成自动化，工厂变成自动化，农场也变成自动化。所以这个动力成为商品，是公用的商品，非常的便宜，无处不在，每个人都可以购买。如果你是一个企业家，可能也在思考，如果这是一个手摇泵，如何通过人力泵送这些水。现在他们想出来一个点子，即人工智能方案：通过购买人工动力，制造一个电动泵，建立一个人工电动泵系统，解决水的输送问题。

将这样的方程式，放大 100 倍，就是工业革命，过去是人力完成的，现在我们是有人工的动力了，突然之间把房子建造成功了，或者是摩天大楼、铁路、公路都可以建造成功了，成百的椅子都可以通过这样的人工动力完成。

整个城市，我们的生命都在充分地利用这种人工动力，所以人工动力成为一种商品，大宗商品。

工业革命，给我们的社会带来了非常大的转变。现在的人工智能，也会给我们的社会带来非常大的转变。我们可以把它放在电网上，我们把这个电网称作"云"，所以人工智能可以像电力一样流动，流到每个人手中，你可以购买所有你想要的人工智能，非常便宜。有了云电网，你便可以购买这样的人工智能。

未来如果有 10 000 个创业公司，他们的成功方程式就是把传统的东西拿过来，然后再加上人工智能，就可以创业了。把传统的东西拿过来再加上人工智能就是新的领域，这就是一般创业者的方向。而前沿是让人工智能成为一个公用工程或者大宗商品，使每个人都能够获得，这将是对人类非常有利的变化。

（四）人工智能的情感

第四个前沿是情感。我们在思考这种看上去非常复杂的情感，只有人是有情感的，因为人有智商，但是我们后面发现情感并不是太难的一件事。基本的情感，我们都可以进行追踪，现在有软件，而软件可以识别人的 26 种不同情感，并且非常的精准。

机器可以识别出他是不是分心了，他是不是害怕了，他愤怒了或者惊讶了等。它也可以识别你是不是假装出这样的表情，识别这个到底是你真正的表情还是假的表情。机器能够识别、理解我们的情感了，它们也可以进行响应，机器也有很强的情感。

事实上我们和机器人及人工智能有情感的纽带了，它们会传达给我们它们的情感。有些宠物，比如，猫、狗，它们其实也会给到我们一个反馈，我们爱狗和猫，它们也会爱我们。这样的情感也进入到了我们和机器人的关系。

（五）可解释的人工智能

还有另外一个人工智能的领域，像道德问题，让机器人也能够为我们做出决定。它们为我们做出决定，我们希望它们考虑到我们的价值观。人工智能的问题就是它们也做决定，但我们无法理解或者是我们不知道它们是怎么做出决定的。行业前沿之一，就是使得人工智能可以被解释，能自圆其说，或者引导我们了解它到底是怎样做出决定，如何做出符合道德的决定的。

通过神经网络，信息进入了各种不同的层面，最后有一个答案出来了，这是一个简单化的版本。也许会有 100 万个这样的节点，有 11 层，它可以自己在中间做出一些决定。它可以告诉你，这里有很多的动物，那里有一只猫，但是它无法告诉你为什么它看到这个东西之后判断它是猫。可解释的人工智能就是找到一种方式使得人工智能对我们来说更加的透明化，这样我们就能够理解了。或者是我们能够训练它们做出更好的决定，就是说这个决定是我们允许的。

另外有一种人工智能是进行检验工作，它检查它的神经网络内部的点来确保我们能够理解这个人工智能做决定的过程。比如这是一只猫，它就给我们答案，我们就只知道这个答案，但是今后会有一个可解释的人工智能，会给出理由，比如，它有猫的特点，还有它的耳朵竖起来了，种种理由告诉你它是一只猫。我们有另外一种人工智能透视人工智能的内心，这是另外一种人工智能。

这是帮助人工智能做出决定，这个决定是我们社会能够批准的，并不是说我们进行编程，然后把我们的价值观编程进去，这非常困难，有的时候我们也不知道我们想要什么。我们想要这个机器形成什么习惯，其实有的时候，我们的观点也是不一致的或者肤浅的。这个像思维的过程，可以让我们变成更好的人类，我们要自己改善自己。这样一个让人工智能自己解释自己的过程，其实也能够帮助人类在道德层面做得更好。

（六）"小数据"

另外一个领域对人工智能来说是"小数据"。那些大公司，他们处于领先的地位，像百度、谷歌、微软这些公司拥有大量的数据。人工智能的一个课程就是神经网络课程，需要很多的培训，需要很多的数据点，很多的例子，甚至数十亿的数据。神经网络的存在有 60 年了，直到我们能够大规模地利用它们的时候，利用这些数十亿样品培训人工智能，这些神经网络才会变成有用的。

今天，你要做人工智能的话，你需要很多的样品和很多的数据。如果你想让人工智能学习，比如，让它能识别猫、狗的差别，其实你需要做的就是给它数百万像猫、狗这样的例子，数百万的猫、狗的照片。成千上万之后，它就能够开始识别了。它看到猫就能够识别出它是一只猫，所以你要有很多的数据让它学习。

但是非常有意思的是，如果是一个刚刚学走路的小孩，也许他只知道 12 个这样的例子，他能够马上知道猫、狗之间的差异。他只知道 12 个例子就能够进行判断了。前沿是什么呢?就是我们让人工智能只需要少量数据就能够学习。这确实是一个颠覆性的事件，能够让我们现在的技术发生颠覆性的转变。12 个例子，如果人工智能能够模仿人类的话，将是一个非常有利的变化。

（七）人工智能的创造力

人工智能的另外一个领域就是创造力，我们认为创造力是只有人能拥有的，大家从故事当中可以看到，不仅仅是人具备创造力，有很多的能力，机器人及人工智能通过学习也能够做到。谷歌有 AlphaGo，AlphaGo 是一个人工智能，它希望能够打败其他游戏玩家，因此它还会有一些深入的算法。

以 AlphaGo 为例，大家可能也会记得在第 3 场第 37 步棋的时候，AlphaGo 会说这样一个棋会打败他，它打败了李世石。这对于人工智能也是有创造性的，对于这个棋，大家一致认为可能没有哪个人会下出来，它有创意，但是是以不同的方式，跟人类在创意上是有差异的。

（八）跟人工智能沟通

还有一个就是界面，我们如何跟人工智能沟通，它们怎么跟我们沟通。

中英文同声传译的现场，你能听到我说英文，你说中文。10 年之后这将会是另外一种人工智能界面。我们认为，这些最终的终极界面会是虚拟现实，实际上能够用我们的一些体态进一步进入我们电脑的内部，创造出虚拟现实。这里要补充一点，人们会奇怪当汽车正在进行无人驾驶的时候，我们自己在做什么，实际上我们可以在汽车内部进行虚拟现实。所以苹果公司的汽车发展还是有限，当你驾驶苹果汽车时，你可能需要一个界面，这个界面能够和你的电脑相连，那时我们车上宽带的频率范围可能比你家里的还大，才可以实现我们和设备的沟通。不仅仅是语言沟通，还有体态，包括身体语言的沟通，这是一个前沿。

（九）充分利用机器人

还有一个就是大家非常关注的问题，如何让人工智能和机器人被充分利用，让它们来做一些家庭的工作甚至国家的事业。

有一款新机器人是种生菜机器人，这个机器人做的是精准农业。精准农业，能够替代很多的农场劳动力，作为研生者其目的是能够把个体的职务跟单个植物管理对应，逐个关注农场当中的植物，记住每个植物生产的位置，这样的情况可以实现定制，并且降低化学农药，以及水、化肥和其他材料的使用量，没有哪个农户可以达到关注植物的个体层面，可以想象这会带来颠覆式革命。研究者还意识到，机器人也会承担其他任务，那个时候，这些任务完成效率是第一的。在很多的一线岗位效率是非常重要的，这些岗位很有可能会被机器人取代。

将来会有机器人所擅长的效率高的岗位。对于人能做的一些岗位，比如，科学创新，实际上是不利于机器发挥它的效率的，机器人不会处理它的关系，因此效率相对比较低一点。将完成效率比较高的任务交给机器人，其他的任务交给人解决，人类的岗位更多的是能够创造一些新的东西。开始的时候我们将会尝试不断地开发，成熟之后再交给机器人。与此同时，让人做创新的事情，其他效率的事情交给机器人做。

（十）从人工智能到人工智能

从这个边界角度来讲，我们需要构建人工智能的网络，尤其是有相似功能的人工智能。像脸谱网有 20 亿人的链接，这种合作达到一定的层级，它的分享也是全球层面进行的合作和共享。

这是一个前沿，我们从来没有到那里去过。可以看到日常生活当中，我们能够使用技术工具，互相合作，更大规模地实施动态协作，这是以前不可能想象的。

　　人工智能也是一个不断改善的过程，将会有更多人愿意用人工智能，然后它是一个良性循环，我们也希望用人工智能编程另外一个人工智能，这是一个加速化的过程。我们总是认为人工智能尚未开始，在几十年前，我们可能都会说还从来没有开始人工智能，几十年后可能也不会说人工智能开始了，但人工智能正在悄然开始并发展，发展速度会非常之快。

第二章　人体行为之智能机器人

　　智能机器人之所以叫智能机器人，这是因为它有相当发达的"大脑"。在"脑"中起作用的是中央处理器，这种计算机跟操作它的人有直接的联系，最主要的是，这样的计算机可以完成按目的安排的动作。

　　大多数专家认为智能机器人至少要具备以下3个要素：一是感觉要素，用来认识周围环境状态；二是运动要素，对外界做出反应性动作；三是思考要素，根据感觉要素所得到的信息，思考出采用什么样的动作。感觉要素包括能感知视觉、接近、距离等的非接触型传感器和感知能力、压觉、触觉等的接触型传感器。这些要素实质上就相当于人的眼、鼻、耳等五官，它们的功能可以利用诸如摄像机、图像传感器、超声波传感器、激光器、导电橡胶、压电元件、气动元件、行程开关等机电元器件来实现。对运动要素来说，智能机器人需要有一个无轨道型的移动机构，以适应诸如平地、台阶、墙壁、楼梯、坡道等不同的地理环境。它们的功能可以借助轮子、履带、支脚、吸盘、气垫等移动机构来完成。

　　在运动过程中要对移动机构进行实时控制，这种控制不仅要包括位置控制，还要有力度控制、位置与力度混合控制、伸缩率控制等。智能机器人的思考要素是3个要素中的关键，也是人们要赋予机器人必备的要素。思考要素包括判断、逻辑分析、理解等方面的智力活动。这些智力活动实质上是一个信息处理过程，而计算机则是完成这个处理过程的主要手段。

　　智能机器人根据其智能程度的不同，又可分为如下3种。

　　第一种是传感型。传感型机器人又称外部受控机器人。机器人的本体没有智能单元，只有执行机构和感应机构，它具有利用传感信息（包括视觉、听觉、触觉、接近觉、力觉和红外、超声及激光等）进行传感信息处理、实现控制与操作的能力。它受控于外部计算机，在外部计算机上具有智能处理单元，处理由受控机器人采集的各种信息，以及机器人本身的各种姿态和轨迹等信息，然后发出控制指令指挥机器人的动作。目前机器人世界杯的小型组比赛使用的机器人就属于这样的类型。

第二种是交互型。机器人通过计算机系统与操作员或程序员进行人机对话，实现对机器人的控制与操作。虽然具有了部分处理和决策功能，能够独立地实现一些诸如轨迹规划、简单的避障等功能，但是还是要受到外部的控制。

第三种是自主型。在设计制作之后，机器人无需人的干预，能够在各种环境下自动完成各项拟人任务。自主型机器人的本体具有感知、处理、决策、执行等模块，可以像一个自主的人一样独立地活动和处理问题。机器人世界杯的中型组比赛中使用的机器人就属于这一类型。全自主移动机器人的最重要的特点在于它的自主性和适应性，自主性是指它可以在一定的环境中，不依赖任何外部控制，完全自主地执行一定的任务。适应性是指它可以实时识别和测量周围的物体，根据环境的变化，调节自身的参数，调整动作策略及处理紧急情况。交互性也是自主机器人的一个重要特点，机器人可以与人、外部环境及其他机器人之间进行信息的交流。由于全自主移动机器人涉及诸如驱动器控制、传感器数据融合、图像处理、模式识别、神经网络等许多方面的研究，所以能够综合反映一个国家在制造业和人工智能等方面的水平。因此，许多国家都非常重视全自主移动机器人的研究。

智能机器人的研究从 20 世纪 60 年代初开始，经过几十年的发展，目前，基于感觉控制的智能机器人（又称第二代机器人）已达到实际应用阶段，基于知识控制的智能机器人（又称自主机器人或下一代机器人）也取得较大进展，已研制出多种样机。

第一节　人体行为

　　行为是有机体在各种内外部刺激影响下产生的活动。不同心理学分支学科研究的角度有所不同。生理心理学主要从激素和神经的角度研究有机体行为的生理机制；认知心理学主要从信息加工的角度研究有机体行为的心理机制；社会心理学则从人际交互的角度研究有机体行为和群体行为的心理机制。

　　要确定行为的概念范畴，首先要确定行动的概念范畴，以便将行为与简单的生理运动动作过程区别开来。行动概念可分为广义的和狭义的两种，若将行动作为行为的一种，则这只是指由行为的一系列随意运动与自动化所组成指向一定目的的行为，这一概念我们可以将之称为行动的狭义性概念。另一方面，如果将行动这个词分为"行"和"动"两部分的话，那么我们就可以得到一个广义的行动概念（图2-1）。

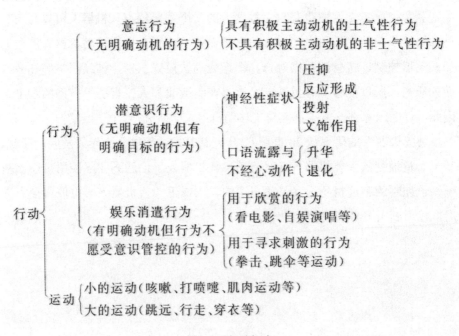

图2-1　行动概念

　　根据产生的原因，行为可分为个体行为和群体行为；根据行为的功能，分为摄食行为、躲避行为、性行为和探究行为；而行为就目标与动机在意识中的明确性与能动性程度，又可分为意志行为、潜意识行为和娱乐消遣行为3种。

　　意志行为是指人们有明确动机目标的行为，按照个人行为动机与整体长远目标是否统一，又可分为有积极主动动机的士气性行为和无积极主动动机的非士气性行为。所谓积极主动性就产生过程来讲是指个体动机与行为的整体长远目标的统一程度，它包括个体目标与群体目标的统一程度、战术目标与战略目标的统一程度、短期目标与长远目标的统一程度等。举例如下，父亲是一个冷酷无情的人，嗜酒如命且毒瘾很重，有一次就因为在酒吧里看不顺眼一位酒保而犯下杀人罪，被判终身监禁。他有两个儿子，年龄才相差一岁，其中一个跟他老爸一样有很重的毒瘾，靠偷窃和勒索为生，也因犯了杀人罪而进监狱。另外一个儿子可不一样了，他担任一家大企业的分公司经理，有美满的婚姻，养了3个可爱的孩子，既不喝酒更未吸毒。为什么同出于一个父亲，在完全相同的环境下长大，两个人却会有不同的命运?在一次个别的私下访问中，问起造成他们现况的原因，二人竟然是相同的答案："有这样的爸爸，我还能有什么办法。"

　　在以上例子中的两兄弟在同样的环境下有不同的人生结局，显然是因为一个兄弟能把自己的求生欲望与自己远大的人生目标联系起来，而另一个则是得过且过，甚至是自暴自弃。

　　我们有时可能会将一些具有不愉快、消沉性质的情绪认识等心理活动，都归为相应的这些人都具有消极被动的动机，比如，战场上士兵因为恐惧丧命而逃跑，生活中因为失去亲人感到哀痛而茶饭不思等。但实际上，这里所说的动机的积极主动性或消极被动性，不在于人们的认识和情绪等心理活动是否愉快或消沉，而是在于人们的认识和情绪等是否能与整体长远的行动目标相符合。很多看起来消极被动性的心理活动，只要与积极主动的目标联系起来，往往就会有积极主动的性质。例如，"保存生命"在战争中看似只具有消极被动性动机的恐惧情绪，虽然与"逃跑"这种消极被动目标联系起来往往确实对军事行动具有消极被动的作用，但若与"消灭敌人，从而保存自己"这一积极主动的目标联系起来时，则这一恐惧情绪转而使军事行动具有了积极主动的性质。西汉开国大将韩信的"背水一战"就是利用这一恐惧情绪，从而使汉军"置之死地而后生"的。

潜意识行为是指人们具有明确目标但无明确动机的行为，即人们总是想做但又不知道为什么要这样做的那些行为。潜意识是指人们平常被压抑的或者当时察觉不到的本能欲望和经验。潜意识中的内容由于不被人们的道德价值意识和理智所接受，所以只有通过各种各样伪装的形式表现出来，像梦境就是个人在清醒时不能由意识表达的压抑的欲望和冲动的表现，但做梦不是行为，只是大脑这个身体机体的动作。

潜意识行为在行为中表现为两个方面：一是口语流露与不经心的笔误等行动；二是神经性症状，即过分强烈的潜意识形成的变异行为，它包括压抑、投射、升华等。

娱乐消遣行为是指人们有明确动机但却无明确目标的行为，即是指那些总是想去做但却不在乎甚至不知道怎么做及会做到什么程度的行为。比如，一个人具有娱乐休闲动机时，如果他自己觉得看电影、看电视、跳舞等目标都能满足这个动机，那么他对娱乐消遣目标的选择只有随意性，而没有必须性。娱乐消遣行为按照其不同的娱乐消遣性质，可分为寻求美感的欣赏行为和寻求刺激的消遣行为两种。娱乐消遣心态表现为情趣、情调和爱好3个方面统一协调性，例如，集邮就是人们对邮票知识内容的情趣、观赏邮票的情调以及对精美邮票的爱好相互统一组成的。

娱乐消遣行为简单地说也就是所谓"玩"的过程，是一种对自身乃至外界各种事物发展变化进行研习与欣赏的过程。它包括各种非职业性的主动参与的体育竞赛活动绘画、唱歌，以及看电影、看演唱会、看表演、在大自然的漫游等。"玩"对动物生物的学习进化具有积极推动的意义，在动物进化生长过程中动物靠玩乐来锻炼、学习与显示自己，动物在玩乐中不断地试验、发现进而发掘、发展自己的潜能，辅助着动物实现成长进化乃至最后的分化。就如猫科动物之所以会分化为猫、狮子、老虎、豹子等，不仅是自然选择的结果，也是各种猫科动物通过自然选择与玩乐感觉到自己能力的成长与局限性，并将这种经验遗传下来的结果。

所以说，娱乐消遣行为又可以说是人们的一种本能的学习与试验行为。"玩"本身也是消耗精力和体力的，但各种动物的娱乐消遣行为就个体感觉上来说反倒具有松弛神经、娱乐休养精神体力的作用，这也就使娱乐消遣反倒又成为动机的来源所在。"玩"由于是生物学习进化需要，所以求奇、求新、求变是其主要的特点。现代人类的学习和体育锻炼，是自古生物进化过程中由人类从娱乐消遣行为中分化出来的特有的东西。自古以来动物通过玩乐达到熟能生巧，这些玩乐就会转化为技能（大的运动）、甚至是身体机能（小的运动）的遗传转变。所以，娱乐消遣行为由远古传下，对动物来说是一种生物性的锻炼和学习的过程，这种锻炼和学习是自然的过程而具有反强迫性的特点。事实表明现代人类无论是对锻炼、学习采取强制加以灌输，或者是对游戏沉溺者采取强制改变措施都是不成功的，原因就在于强制性不符合包括学习在内的"游戏"自主随意规则，除非是给予非强制性的诱导或教育。

意志行为、潜意识行为和娱乐消遣行为有时能够相互统一，比如，员工乃至学生往往也能将本职工作和学习当作有趣的事情来做。但大多数状况下，意志行为、潜意识行为和娱乐消遣行为互相具有制约牵制的作用，所以个体的意志行为又往往是一个克服潜意识和娱乐消遣意识的过程。例如，个体在工作中，如果明确的工作意识是搞好工作，就不得不压抑着受领导批评后想找出气筒的盲目投射潜意识心理和急于去看球赛的娱乐消遣心理。士气性行为的任务就在于除了要抑制非士气性的外在诱惑及其相关欲望动机的产生与影响以外，还要着力于对潜意识心理和娱乐消遣心理的克服。

各行为类别意志的特征有：第一，潜意识行为主要是由于内在意愿被压抑或并没有意识到，相关的外界环境或事物就像是外来遥控器一样随时有可能将潜意识触发，但潜意识既意识不到也就谈不上对潜意识行为的支配与监控，由此就造成当事人潜意识行为不知所以然或知其所以然但很难自控；第二，娱乐消遣行为虽然在内在的娱乐消遣意愿上很清楚，但就完成娱乐消遣的目标及其程度又是不愿意接受意识节制与监控的，所以娱乐消遣主要是着力于对过程的享受，从而缺乏标准或难以绝对限定完成目标任务程度的标准；第三，意志行为由于具有明确的动机与目标，所以意志行为在内在意愿及其外在任务目标上都会受到意识支配与监控。但是有明确动机与目标的意志行为中，也会包含一些不现实的空想，或者有时会是出于激情的乃至不计后果的冲动。所以，意志行为并不代表是理智的行为，也不代表是心理健康的行为。

管理心理学研究的行为具有 6 个特点，即行为具有目的性、能动性、预见性、程序性、多样性和可度性。目的性就是指行为是一种有意识的、自觉的、有计划的、有目标的、可以加以组织的活动，是自觉的意志行动；能动性是指人的行为动机是客观世界作用于人的感官，经过大脑思维所做出的一种能动反映，并且人的行为不是消极地适应外部世界，而是一个能动地改造世界的过程；所谓预见性是指人的行为方式和行为结果等是可以预见的，因为人的行为具有共同的规律；所谓多样性是指人的行为有性质不同、时间长短不同、难易程度不同等的区别；所谓可度性是指人的行为通过各种手段可进行计划、控制、组织和测度。

一、运动神经系统

神经系统是机体内起主导作用的系统。内、外环境的各种信息，由感受器接受后，通过周围神经传递到脑和脊髓的各级中枢进行整合，再经周围神经控制和调节机体各系统器官的活动，以维持机体与内、外界环境的相对平衡。

神经系统由脑、脊髓及附于脑脊髓的周围神经组织组成。神经系统是人体结构和功能最复杂的系统，由神经细胞组成，在体内起主导作用。

神经系统分为中枢神经系统和周围神经系统。中枢神经系统包括脑和脊髓，周围神经系统包括脑神经、脊神经和内脏神经。神经系统控制和调节其他系统的活动，维持机体以外环境的统一。

中枢神经系统由脑和脊髓（脑和脊髓是各种反射弧的中枢部分）组成，是人体神经系统的最主体部分。中枢神经系统接受全身各处的传入信息，经它整合加工后成为协调的运动性传出，或者储存在中枢神经系统内成为学习、记忆的神经基础。人类的思维活动也是中枢神经系统的功能。

　　神经系统在调节机体的活动中，对内、外环境的刺激所做出的适当反应，叫作反射，反射是神经系统的基本活动方式。

　　反射弧是指执行反射活动的特定神经结构。从外周感受器接收信息，经传入神经，将信息传到神经中枢，再由传出神经将反应的信息返回到外周效应器，实质上是神经元之间的特殊联络结构。典型的模式一般由感受器、传入神经、神经中枢、传出神经和效应器5个部分组成（如图2-2）。

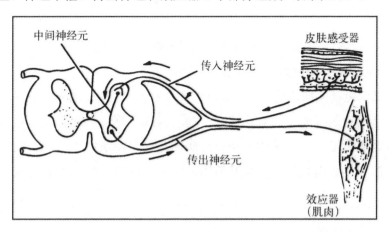

图2-2　反射弧

　　反射过程是按如下方式进行的：一定的刺激被一定的感受器所感受，感受器发生了兴奋（若机体受损，机体既无感觉又无效应）；兴奋以神经冲动的方式传入神经，传向中枢；通过中枢的分析与综合活动，中枢产生兴奋；中枢的兴奋又经一定的传出神经到达效应器，使神经中枢传来的兴奋对外界刺激做出相应的规律性活动；兴奋又由神经中枢传至效应器。如果中枢发生抑制，则中枢原有的传出冲动减弱或停止。在实验条件下，人工刺激直接作用于传入神经也可引起反射活动，但在自然条件下，反射活动一般都需经过完整的反射弧来完成，如果反射弧中任何一个环节中断，反射就不能发生。

　　根据神经纤维传递方向向周围传出神经冲动，产生运动，称为运动神经，又称传出神经。运动神经指支配躯体肌肉中的传出神经纤维，其功能是产生和控制身体的运动和紧张。这是相对于感觉神经而言的。在脊椎动物中除了属于脑、脊髓神经系统并支配随意运动的运动神经外，植物神经与周围神经也有很多运动神经（如血管运动神经）。有时也将属于植物神经系统的分泌神经合在一起称为广义的运动神经，因为纯运动性、纯感觉性神经元实际上是罕见的，多数为混合性，所以要正确地使用运动神经纤维、运动神经元等术语。

二、人体运动的控制

广义的运动系统由中枢神经系统、周围神经和神经—肌肉接头部分、骨骼肌肉、心肺和代谢支持系统组成。

狭义的运动系统由骨、关节和骨骼肌 3 种器官组成。骨与不同形式（不活动、半活动或活动）的骨连接在一起，构成骨骼，形成了人体体形的基础，并为肌肉提供了广阔的附着点。肌肉是运动系统的主动动力装置，在神经支配下，肌肉收缩、牵拉其所附着的骨，以可动的骨连接为枢纽，产生杠杆运动。

（一）运动的功能

运动系统，顾名思义，其首要的功能是运动。人的运动是很复杂的，包括简单的移位和高级的活动如语言、书写等，都是以在神经系统支配下的肌肉收缩而实现的。即使一个简单的运动往往也有多数肌肉参与，如一些肌肉收缩，承担完成运动预期目的角色，而另一些肌肉则予以协同配合，有些处于对抗地位的肌肉此时则适度放松并保持一定的紧张度，以使动作平滑、准确，起着相辅相成的作用。

运动系统的第二个功能是支持，包括构成人体体形、支撑体重和内部器官及维持人体姿势。人体姿势的维持除了骨和骨连接的支架作用外，主要靠肌肉的紧张度来维持。骨骼肌经常处于不随意的紧张状态中，即通过神经系统反射性地维持一定的紧张度。静止姿态是需要互相对抗的肌群各自保持一定的紧张度所取得的动态平衡的结果。

运动系统的第三个功能是保护。众所周知，人的躯干形成了几个体腔：颅腔保护和支持着脑髓和感觉器官；胸腔保护和支持着心、大血管、肺等重要脏器；腹腔和盆腔保护并支持着消化系统、泌尿系统、生殖系统的众多脏器。这些体腔由骨和骨连接构成完整的壁或大部分骨性壁；肌肉也构成某些体腔壁的一部分，如腹前、外侧壁、胸廓的肋间隙等，或围在骨性体腔壁的周围，形成颇具弹性和韧度的保护层，当受外力冲击时，肌肉反射性地收缩，起着缓冲打击和震荡的重要作用。

（二）运动机制

运步是指肢端自地面提起时，运用以肘关节为支点、力臂小于重臂的速度杠杆。肢端着地后躯体前进，是运用以肢端着地点为支点，力臂大于重臂的省力杠杆。如前肢的运步，先是随着肩关节、肘关节、腕关节和指节间关节的屈肌收缩，这些关节屈曲，肢端自地而提起；接着，随着伸肌收缩，这些关节伸展；同时由于躯体向前推进，前肢迈前一步，肢端着地。之后，这些关节的伸肌（包括腕关节和指节间关节的屈肌）收缩，有关的关节伸展，推动躯体前进。后肢的运步基本上由后肢的有关关节，如髋关节、膝关节、跗关节和趾节间关节及其肌肉进行着类似的伸屈活动，推动躯体前进。在四肢交替运动推动躯体前进的过程中，当后肢着地支撑身体时，躯体后部升起，重心前移；前肢着地支撑躯体时，躯体前部升起，重心后移。从而，躯体呈现不断的起伏波动。

1.大脑控制运动的机理

生命在于运动，运动是我们维持生命、完成任务、改造客观世界的基础。各种生命运动、行为活动时时刻刻都在进行，一刻都没有停止过，但我们的大脑并没有时时刻刻都在关注、指挥所有运动，而是在运动进行的同时，主要从事各种学习、思维活动，并将正在进行的运动置于脑后。大脑不是具体控制运动的器官，控制、指挥运动的器官主要是纹状体。

丘脑、大脑额叶、纹状体、小脑都与运动有关，各自分工合作，共同完成运动的意向、计划、指挥、控制和执行。丘脑主要合成、发放丘觉，产生各种运动意识；大脑根据视听等传入信息分析产出样本，这个样本是关于我们应该进行什么样的运动，是完成任务、达到目的的运动意向；纹状体、小脑分析产出的样本是控制运动的程序、指令，纹状体、小脑是运动的具体控制、指挥者。运动的执行是由肢体（如头、手、脚）或效应器来完成的。

丘脑是合成发放丘觉的器官，是"我"的本体器官，大脑联络区是丘觉的活动场所，意识在大脑联络区得以实现。大脑、纹状体、小脑分析产出的运动样本激活丘脑，丘脑根据运动样本合成"觉"，并发放到大脑联络区，使大脑产生对运动的觉知，也就产生了运动意向。运动意向是意识的一种，运动意识分为 3 类：一类是来自大脑的运动意向；一类是来自纹状体、小脑的运动前感觉；一类是来自感觉神经元的运动后感觉。

大脑的主要功能就是分析产出样本，大脑额叶是最为高级和重要的器官，包括联络区、运动前区和运动区，大脑额叶、颞顶枕联络区是意识活动的主要区域，可以根据外界环境的需要产生运动意向，明确运动的方向或行为方式。大脑不是运动的具体控制、指挥者，不对运动的程序、指令进行分析，而是交给纹状体、小脑完成，使我们能够集中精力进行各种思维活动。大脑额叶运动区掌管着运动指令、程序的最后发放，运动区将运动程序、指令发放出去即产生运动，运动区服从于联络区，服从于意识，意识可以随时中止运动程序、指令的发放，从而停止运动。

纹状体是运动控制、指挥的主要器官，是运动的具体控制、指挥者。纹状体分析产出的运动样本是控制、指挥运动的程序、指令，运动样本的分析产出服从于运动意向，当大脑联络区产生运动意向后，纹状体、小脑根据运动意向分析产出运动样本。小脑的功能是多方面的，可能参与了意识、感受、运动等多方面的活动，在运动过程中分析产出运动需要的参数，控制运动的细节，对运动的准确度、精确度起作用。

当我们与外界事物接触时，需要采取合适的行为活动去正确应对，大脑分析产出合乎实际需要的样本，产生运动意向和调动纹状体，经小脑控制去指挥运动。大脑根据传入的视听信息分析产出样本，这个样本有两个传出路径，第一条路径是通过联络纤维激活丘脑背内侧核、丘脑枕，丘脑背内侧核、枕合成发放运动丘觉进入意识，这是进行运动的意向；另一条路径是通过投射纤维激活纹状体、小脑，纹状体，小脑根据运动意向分析产出运动样本。

纹状体、小脑的主要功能是分析产出运动样本，这个运动样本的传出路径有 3 个步骤，通过 3 个步骤的接力，完成运动的控制、指挥和执行。第一步，纹状体、小脑有传出纤维到丘脑腹前核、腹外侧核，纹状体、小脑分析产出的运动样本通过传出纤维激活丘脑腹前核、腹外侧核的丘觉，再经过丘脑间的纤维联系进入丘脑背内侧核，通过丘脑背内侧核发放到大脑额叶联络区进入意识，大脑联络区是各种意识汇集的场所，这些运动样本在进入意识前还没有执行，只是告诉大脑即将进行的运动，在运动开始前使大脑知道即将进行的运动，大脑可以在运动开始之前随时中止运动，也可以根据形势发展、环境变化随时调整运动意向，使纹状体、小脑分析产出新的运动样本，从而达到调整运动的目的；第二步，丘脑腹前核、腹外侧核的传出纤维到大脑运动区、运动前区，丘脑腹前核、腹外侧核通过传出纤维将运动样本传递到大脑运动区、运动前区；第三步，大脑运动区通过锥体束联系低级运动神经元，运动样本通过锥体束发放到运动神经元，控制、指挥运动的进行，运动前区、运动区受额叶联络区的支配，运动样本的最后发放服从于额叶联络区的意识。

当运动产生后，通过感觉神经元，将运动产生的感觉传入大脑，大脑对运动的执行、完成情况做进一步的分析，形成一个完整的环路。我们可以根据运动的执行、完成情况进行运动的继续或调整。

大脑分析产出的样本与纹状体、小脑分析产出的运动样本是不同的，大脑分析产出的样本主要是激活丘觉、产生运动意向，是大脑额叶、颞顶枕叶根据外界环境的变化、行为目的、需要完成的任务分析产出的，不能控制、指挥运动。控制、指挥运动的运动样本是纹状体、小脑分析产出的，一方面要激活丘脑腹前核、腹外侧核进入意识；另一方面又要控制、指挥运动的程序、指令。大脑中与运动有关的意识有 3 个，即运动意向、运动前感觉、运动后感觉。运动意向是需要进行的运动意识，是大脑根据外界环境分析产出的；运动前感觉是即将进行的运动意识，是纹状体、小脑分析产出的运动样本激活丘觉产生的；运动后感觉是运动的效果感觉，是感觉神经元激活丘觉产生的。

纹状体根据运动模型分析产出运动样本，运动模型是通过多次的运动学习、练习形成的。人出生后，没有任何运动技能，在与各种客观事物的不断接触中，在各种动作的不断试探、练习过程中，逐步形成固定的运动模式，建立运动模型，运动模型在本质上仍然是运动样本，只不过这个运动样本存储在纹状体中。在运动的学习、动作的练习过程中，纹状体一边不断地分析产出运动样本，控制、指挥运动，一边不断地将运动样本存储起来，经过多次反复形成运动模型，是下一次分析运动样本的参照依据。当在纹状体中建立了运动模型，运动可以按照已有的模型自动进行，不需要大脑具体参与，能够脱离意识自动完成，我们常说的习惯及各种操作技能都是如此。

2.脊髓对运动的调节

（1）α和γ运动神经元。脊髓的前角存在大量的运动神经元，分为α和γ两类。它们的轴突直接支配肌肉，其中α运动神经元的轴突直接支配肌纤维，引起肌肉收缩，产生运动。每一个α运动神经元的轴突末梢分成分支，支配数目不等的肌纤维。一个α运动神经元连同其支配的全部肌纤维称为一个运动单位（unit）。不同部位的运动单位所包含的肌纤维数目不等，如一个眼外肌的α运动神经元支配6~12根肌肉纤维，而支配四肢肌肉的一个α运动神经元可支配上千根肌肉纤维（图2-3）。

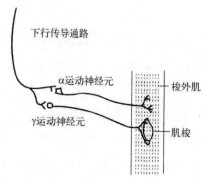

图2-3 α运动神经元和γ运动神经元

γ运动神经元支配梭内肌纤维，调节肌梭的敏感性。α和γ运动神经元的纤维末梢均以乙酰胆碱为神经递质。

α运动神经元接受来自运动皮层的指令，引起随意运动；它也接收来自皮肤、肌肉、关节等外周传入的冲动，引起脊髓反射。实际上，α运动神经元是骨骼肌运动的最后通路。

（2）脊髓反射。外界刺激可引起反射性的肌肉运动，这些运动的中枢在脊髓，故称为脊髓反射。脊髓反射可分为浅反射和深反射。

①屈肌反射属于浅反射。当皮肤受到伤害性刺激时，信息传入脊髓，通过突触连接，引起支配相关区域骨骼肌的α运动神经元兴奋，α运动神经沿其轴突传出冲动，到达所支配的肌肉群，使相关肌群产生协调动作，如关节屈肌收缩、伸肌舒张。因此，受到刺激的肢体迅速避开刺激，可见，这是一种保护性反射。还有其他一些浅刺激也可以引起相应的浅反射。但正常情况下，高位中枢对这些反射有调控作用，一般对这些非伤害性刺激引起的浅反射有抑制作用。因此，当脊髓失去高位中枢控制时，如麻醉状态下，或大脑皮层下行运动通路障碍时，这些反射才表现出来，这为临床诊断提供了线索。如人锥体束或大脑皮层运动区功能障碍时，以钝物划足跖外侧时，出现大趾背屈，其他四趾向外展开的反射，称为Babinski阳性，其实质属于屈肌反射。

②牵张反射。牵张反射是指当骨骼肌受到外力牵拉时，能通过反射性活动，使受牵拉的肌肉收缩，这种反射称为牵张反射。膝跳反射就是一种牵张反射。

肌梭：肌梭是牵张反射的感受器，它位于肌肉纤维之间，与肌肉纤维平行排列（图2-4）。肌梭的结构比较特殊。它由一束特别的肌肉纤维、神经末梢及孢囊组成。肌梭内的特别肌肉纤维称为梭内肌，而肌梭外普通肌纤维称为梭外

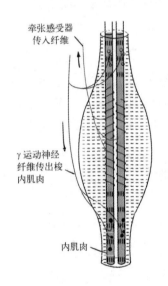

图 2-4　肌梭示意图

肌。梭内肌根据其形态又可分为核带纤维和核链纤维。梭内肌的中央部不含肌原纤维，不能收缩，但有很好的弹性。

传入纤维分布在梭内肌的中央，它的直径较粗（12~20 μm），传导速度也较快（90 m/s）。当肌肉被牵拉时，不仅拉长了梭外肌，也拉长了梭内肌，特别是梭内肌的中央部分。牵拉是对肌梭的有效刺激。

这一刺激在肌梭内被转变为冲动，通过传入纤维将冲动传到中枢。因此肌梭实际上是一种牵张受体。肌梭内的梭内肌也受由脊髓γ运动神经元发

出的传出神经支配，它可引起梭内肌收缩。由于梭内肌的肌原纤维分布在两端，因此两端收缩则拉长了梭内肌的中央部，对感受器是一种刺激或提高肌梭对牵张刺激的感受性，从而增加其向中枢发放的冲动。由肌梭传入的冲动，在脊髓可使支配骨骼肌的 α 神经元兴奋，这就是梭内肌中传出和传入神经的作用。

支配梭外肌的神经纤维来自脊髓中的 α 运动神经元，它使梭外肌收缩。如果梭外肌的收缩缩短了整块肌肉的长度，由于肌梭与梭外肌呈平行排列，因此梭内肌的长度也缩短，对肌梭的牵张作用减少或消失，向中枢发放的冲动减少，也就不再引起脊髓中 α 运动神经元兴奋，肌肉停止收缩。由此可见，α 运动神经元兴奋使梭外肌收缩，肌肉缩短，可降低对肌梭的刺激作用。而 γ 运动神经元兴奋，使梭内肌收缩，增加对肌梭的刺激。因此，对肌梭的传入神经冲动，α 和 γ 运动神经元有完全相反的作用。

当叩击肌腱时，肌肉内的肌梭同时被拉长，并发动牵张反射，此时肌肉的收缩几乎是一次同步性收缩。前述膝反射就属于这一类。缓慢持续牵拉肌腱时也发生牵张反射，它与肌紧张的形成有密切的关系，其表现为受牵拉的肌肉能发生紧张性收缩，阻止被拉长。肌紧张是维持躯体姿势的基本反射活动。

机体很多骨骼肌在平时并不是完全松弛的，而是保持在一定的持续收缩状态，即具有一定的肌紧张，特别是一些维持躯体姿势的肌肉。这种紧张性的维持实际上是一种神经反射。在动物实验中，如果将脊髓后根剪断，而不损伤前根，使传入神经冲动不能进入脊髓，结果表明，相应的肌肉立即丧失紧张性。说明这些肌紧张是一种靠传入神经冲动维持的神经反射。实验证明肌梭的传入神经冲动是引起这些肌紧张反射的传入部分。肌紧张在维持姿势上有重要的作用。平时人体关节部分的伸肌群由于重力作用总是处于持续被拉长的状态，此时对肌梭是一种刺激，因此不断有冲动由肌梭的传入神经纤维传至脊髓。在中枢引起脊髓 α 神经元兴奋，使肌肉保持在一定的收缩状态，对抗重力的牵张作用，维持人体的一定姿势。

牵张反射对完成随意运动也有重要的作用。例如当人们想提起某一重物时，首先由皮层发出冲动传至脊髓引起 α 及 γ 神经元兴奋。α 神经元引起相应骨骼肌的收缩。γ神经元使梭内肌也收缩。在真正提起重物之前，由于肌肉并未缩短，而梭内肌的收缩可拉长梭内肌本身，增加传入纤维向中枢发放的冲动，这种冲动又可以使脊髓内的α神经元兴奋，使骨骼肌收缩力量进一步加强，直至骨骼肌缩短，重物被提起。因此，牵张反射在各种随意运动中有十分重要的作用。

呼吸运动也是由骨骼肌（包括膈肌和胸部肌肉）的收缩完成的。当脑干呼吸中枢向相应脊髓运动神经元发放冲动时，α及γ运动神经元都兴奋。此时吸气肌及相应的梭内肌都收缩。由于梭内肌收缩，它的传入神经冲动通过对α运动神经元的兴奋作用，使吸气肌的收缩力量不断加强，直至抬起胸廓或使膈肌下降，产生吸气。一旦产生吸气动作，骨骼肌的长度缩短，梭内肌的长度也随之缩短，向中枢发放的冲动减少而停止吸气肌的收缩，从而吸气终止。因此每次吸气的终止都有牵张反射的参与。实验表明这种牵张反射是维持人体呼吸运动的频率和深度的重要调节机制。

③腱器官反射。腱器官分布于肌腱胶原纤维之中，与梭外肌呈串联排列。当梭外肌收缩时，可拉长腱器官，由腱器官的传入纤维将冲动传向脊髓。由于腱器官与骨骼肌呈串联排列，因此当肌肉做等长收缩时，对它的刺激作用最强，是感受肌肉收缩时张力变化的感受器。由腱器官传入的冲动不直接作用于脊髓前角运动神经元，而须通过中间神经元，是一种多突触的反射活动。它对相应骨骼肌的作用不是兴奋而是抑制。有人认为这种抑制收缩是一种保护作用，防止肌肉过分收缩而损伤肌肉。

三、人的情绪、内分泌物质对运动的影响

人的情绪、内分泌物质、运动三者是相互影响的。

众所周知，运动具有各种各样的好处。运动能减肥，运动能提高人的毅力，运动能改变一个人的情绪状态，运动能够使人更加活泼开朗，运动能使人生更加幸福。那么，为什么运动能提高人的毅力？为什么运动能够改变人的精神状态（使人幸福）？

在回答问题之前，首先引入两个重要概念，多巴胺和内啡肽。这是大脑

在神经活动中分泌的两种重要的物质。

多巴胺由脑内分泌，可影响一个人的情绪。它正式的化学名称为4-（2-氨基乙基）-1，2-苯二酚[4-（2-aminoethyl）benzene-1，2-diol]。阿尔维德·卡尔森（Arvid Carlsson）确定多巴胺为脑内信息传递者的角色的发现使他赢得了2000年的诺贝尔医学奖。多巴胺是一种神经传导物质，用来帮助细胞传送脉冲的化学物质。这种脑内分泌物主要负责大脑的情欲，感觉上兴奋及开心的信息传递，也与上瘾有关。多巴胺系统的功能主要包括奖赏、动机、运动控制和唤醒等。多巴胺，令人体验在接受挑战、冒险和新鲜事物的刺激时产生的愉悦感。

内啡肽，是一种内成性（脑下垂体分泌）的类吗啡生物化学合成物激素。它是由脑下垂体和脊椎动物的丘脑下部所分泌的氨基化合物（肽）。它能止痛和使人产生欣快感。容易在体育运动中分泌，它可以改变一个人所有的负面情绪、让你充满活力、改变对自我的认知、变得积极向上，甚至可以改变你的外表、影响周围的人和环境。

跑步者的愉悦感是指当运动量超过某一阶段时，体内便会分泌内啡肽。长时间、连续性的、中量至重量级的运动，深呼吸也是分泌脑内啡肽的条件，这也是跑步能够改变人的精神状态的原因，使人感到"更加幸福"。

多巴胺系统功能包括奖赏、动机。多巴胺系统使人产生欲望进而产生行动，所以多巴胺是人大多数行为的内在原因。而这，也包括我们大多数的"欲望"行为。比如，很多人对美食的忍耐力很低，为什么?因为美食的多巴胺水平是150%，比一般行为的多巴胺水平高出了50%，所以很多人难以忍受美食的诱惑。同样，对于尼古丁的多巴胺刺激水平则是170%，所以很多人对香烟上瘾、难以戒除。

为什么运动能提高人的毅力?既然已经知道欲望的产生来源于多巴胺，那么怎么才能解决呢?

其实能够诱导多巴胺产生的行为不仅仅只有美食、香烟等，还包括运动。在对小鼠的实验中发现："不同运动强度时，大鼠伏隔核多巴胺会发生变化，步行和跑步时伏隔核细胞外液中二羟苯乙酸（dihy droxyphenyl acetic acid，DOPAC）和高香草酸（HVA）含量均显著增高，提示运动时伏隔核的多巴胺释放增加，并且跑步组的 DOPAC 含量较步行组显著增加，多巴胺也表现为增高趋势，说明运动时伏隔核的多巴胺释放程度与运动强度有关。运动训练可以导致脑中多巴胺含量的变化，这可能与运动的强度有一定关联。"

在长期的运动中，人体的多巴胺水平会不断提高，而内啡肽则用于满足多巴胺的"欲望"。所以不断的运动造成的多巴胺水平的提高，也可能会提高人体对于多巴胺的耐受水平。

情绪对内分泌系统有何影响？

当人在激动、愤怒时，在大脑皮层调控下便产生交感兴奋效应，同时肾上腺髓质在交感神经系统支配下，大量释放儿茶酚胺类激素，以上概括称"交感-肾上腺髓质"系统。该系统活动的结果，加强了循环呼吸活动，增加骨骼肌的血液供给，同时抑制消化运动和分泌。

下丘脑神经元分泌神经激素"促肾上腺皮质激素释放激素（CRH）"，经垂体门脉达腺垂体，促进腺垂体分泌"促肾上腺皮质激素（ACTH）"，该激素经血运达肾上腺皮质，促进其分泌皮质激素，皮质激素促进糖、蛋白质及脂肪的动员，同时加强了机体对有害刺激的抵抗力。

交感兴奋可直接促进甲状腺分泌和抑制胰岛素的分泌，因此血糖升高，全身代谢活动加强。甲状腺素增多反过来又进一步增强了脑的兴奋，属反馈效应。

第二节　人体行为的仿真

随着工业社会的发展，越来越多的人从事着机械性的工作，枯燥的工作使得人们渴望从机械性的劳动中解脱出来。1959 年，美国约瑟夫·恩格尔伯格（Joseph F. Engelberger）和乔治·德沃尔（George Devol）制造出世界上第一个工业机器人，机器人开始替代人们进行单调的机械工作，至此机器人的历史才真正开始。

如今，机器人已经被应用到军工、医疗、服务等行业，深入人们生活的方方面面，越来越多的学者开始热衷于机器人控制的研究，模拟人成为机器人发展的一个必不可少的重要环节。目前机器人大多用在工业领域，其控制方法多为预先设定机械的各类规定动作。机械的运动轨迹基本采用轨迹插补法进行规划，然而这些方法用到的数据量过于庞大，且编程较为复杂，工作效率比较低。以上这些方法已经无法满足人们对当代机械的控制需要。

随着工作环境越来越复杂，人们对机械臂动作的多样性和行为的灵活性提出了更高的要求。

模仿学习的出现使得机械的抓取行为满足了人们的需求。模仿是人类及其他动物获得动作技巧的有效学习方法，机械可以通过模仿学习到示教者的动作技巧，因此便能更好地解决机械臂动作单一、死板的问题。模仿学习的基本步骤有三步：行为获取、行为表征和行为再现。

一、仿真机器人的研制

仿真机器人是研究人类智能的高级平台，仿真机器人是具有感知、思维和行动功能的机器，是机构学、自动控制、计算机、人工智能、光电技术、传感技术、通信技术、仿真技术等多种学科和技术的综合应用。仿真机器人作为新一代生产和服务工具，在制造领域和非制造领域占有更广泛、更重要的位置，这对人类开辟新的产业，提高生产与生活水平具有十分现实的意义，代表着一个国家的高科技发展水平，是目前科技发展最活跃的领域之一。

仿人机器人需要具备模仿人类的某些行为及技能的能力，双脚直立行走、观察外界事物、自主判断与决策、情感交互控制等，从简单的非条件反射到高级智能行为均属于其研究范畴。仿人机器人的研制始于 20 世纪 70 年代末，在短短 30 多年的发展历史中，仿人机器人的研究工作进展迅速。美国卡内基梅隆大学计算机科学学院的人机交互研究、日本早稻田大学的仿人机器人研究、美国麻省理工学院的社交机器人研究先后针对仿人机器人的人机与合作技术展开研究。为了给人工心理和人工情感领域的专家学者在该领域提供更好的交流平台，从近年开始，情感计算会议、机器人人机交互会议、欧盟第七框架计划等逐步展开。此外，众多国际高端学术会议也为人机交互与合作开设了专题，如 International Conference on Human-Computer Interaction、

International Conference on Autonomous Agents、International Conference on Affective Human Factors、International Conference on Artificial Intelligence 等。在此推动下，国内外涌现出大量有价值的研究成果。

1992 年，日本早稻田大学理工部的高西淳夫研究室开始研究仿人头型机器人，1996 年开发出第一代系列 WE 仿人头部机器人 WE-1，通过不断改进，如今研制出 4 个版本的 WE 系列仿人头部机器人。该仿人机器人头部以多种传感器作为感觉器官。眼部通过安装彩色 CCD 摄像头采集视觉轮廓与色彩信息；耳部装有微型麦克风用于接收声音信息；机器人的面颊、前额和头部两侧分别安装了 FERs 作为触觉器官，从而实现推、打、抚摸等不同的触觉行为的识别；机器人预制了热敏电阻传感器来实现温度信息的采集，从而达到感受环境温度的目的；机器人采用 4 个半导体气体传感器作为嗅觉器官，可识别酒精、氨水和香烟的气味。如此之多的传感器设置使得仿人机器人 WE-4 成为目前感觉器官最为齐全的机器人。

1999 年，美国麻省理工学院人工智能实验室的计算机专家辛西娅·布雷齐尔（Cynthia Breazeal）从人类婴儿与看护者之间的交流方式中得到启发，开发出的婴儿机器人 Kismet 由机器人头部与计算机构成，面部机构共有 6 个自由度，分布在眉毛、耳朵、眼球、眼睑、嘴唇等部位，眼睛由焦距 5.6mm 的彩色 CCD 摄像机组成，耳朵上装有微型麦克风，从而使机器人具有视觉和听觉。Kismet 可以模仿父母与孩子之间的情感互动、表达婴儿的需求与愿望并可通过机器学习的方式进行智能发育，具有与人类婴儿相似的行为方式和能力。

2002 年，东京理科大学小林研究室研制出仿人机器人 SAYA，它能够扫描注视者的表情，从而完成对眼、口、鼻、眉距离的测量，并与记忆库中自然表情的面孔进行对照，以此识别出该表情所表达的情绪状态，然后通过对人工肌肉的控制实现 18 个面部关键点的运动调节，逼真地展示出 SAYA"内心"中相应的喜悦、生气、惊讶等情绪状态。此研究不仅可以识别出交互者的表情，还可以通过机器学习不断改善机器人的情绪表达能力，从而自适应地改善人与机器人的交互关系。

2005 年，意大利比萨大学研制出表情机器人 FACE，并将其应用于自闭症辅助治疗等领域。FACE 以真人为雏形，与人相似度极高，能够实现恐惧、惊讶、厌恶等多种面部表情。该研究小组历时 30 多年，研发出能够让机器人模拟人类的表情的软件 HEFES，该软件不仅自主直接控制电机完成基本表情输出，还可以在一定程度上混合不同表情，实现人类复杂表情的输出，如喜忧参半等情绪状态也可表现得淋漓尽致。

2006 年，德国凯泽斯劳滕大学（University of Kaiserslautern）计算机科学系机器人实验室开发出仿人机器头 ROMAN。ROMAN 的表情通过 10 个伺服电机拉动线绳来实现，因此其五官设计紧凑且重量很轻，只能在有限的空间内运动。该机器头部充分考虑到人类颈部的几何、运动学和动态特性，其颈部具有 4 个自由度，使其可以实现绕垂直轴旋转、绕水平轴向一侧面倾斜、向前后倾斜、沿头部间距轴旋转的动作。此外该机器头系统集成了摄像头、麦克风、红外传感器和惯性系统等感知设备，以此实现特定环境下的人机交互与合作。

2008 年，麻省理工学院的个人机器人小组和斯坦·温斯顿工作室联合发明了集艺术、科学和发明于一体的社交智能机器人莱昂纳多·达芬奇。该机器人的特点在于内置有情感移情系统，从而使得机器人具备检测交互者目标和意向的能力。此外，该机器人具有完整的评估和模仿可察觉面部表情的功能。在与人交流的过程中，莱昂纳多·达芬奇可以学习特定的面部表情并通过特定传感器评估人类声音性质，并将其与相关的反应联系在一起，从而实现对交互者表情及声音的情感联系判断与情感反馈。

同年 4 月，美国麻省理工学院的科学家们向人们展示了他们开发的情感机器人 Nexi。Nexi 在 uBot5 的基础上发展而来，是一款可移动的灵巧型仿人社交机器人。机器人双眼均装有 CCD 摄像机，可实现双目视觉系统感知；前额装有主动式 3D 红外摄像头，在移动中通过实时图像信息采集可生成环境的三维立体地图；机器人身体搭载有 4 个麦克组以支持声音定位功能，从而实现在交互过程中对交互者进行准确的位置判断；此外，Nexi 具备眨眼、张嘴、皱眉等形式的面部表达能力，以此完成常见情感状态的输出。

同年，英国西英格兰大学和布里斯托尔大学联合研制出类人机器人 Jule，它的面部采用软性橡胶作为皮肤，内置 34 个马达，以此实现如高兴、悲伤、忧虑等 10 种人类面部表情的模仿。此外，Jule 还可以依据语音的变换自主调节嘴唇动作，从而实时地实现情绪、语音到表情的映射与表现。

2009 年，美国汉森机器人公司研发的机器人 Albert HUBO 正式亮相。面部采用类似肉体皮肤材料，使机器人完成表情动作的过程中可产生类人的皮肤纹理变化，内置 31 个自由度，可实现颈部 3 个自由度及表情 28 个自由度的联合控制，以此实现多种面部表情的模拟与交互。此外，该机器人还具备年龄、性别等推断与情绪互动决策的智能功能，可针对不同年龄群的交互者做出个性化的表情回应。

2010 年，日本大阪大学石黑浩教授和 Kokoro 公司工程师研制出仿真机器人 Geminoid F，该机器人以一名年轻的日俄混血女性为模本，皮肤材料采用质地柔软的硅树脂，运动部分由 15 个电机和传感器组成，其机构特点在于内置储气罐和电磁阀，外置空气压缩机，可通过远程遥控实现微笑、皱眉、眨眼、悲伤、噘嘴等 60 多种不同的面部表情。丰富逼真的面部表情使其能够与演员同台表演话剧，具有良好的娱乐性，但是遗憾的是 Geminoid F 的表情需由研发人员远程遥控操作，并不具备自身情感能力及自主控制能力。

2011 年，日本大阪大学研制出一款仿人儿童机器人 Affetto。Affetto 的设计着眼于拓展认知发展机器人技术，其研究目的在于帮助科学家研究人类婴儿时期的社交意识形成与发育过程，因此，该机器人可模拟 1～3 岁的儿童的面部表情，可以通过自主学习与发育实现智力发育，并通过与人类的表情交互得以体现，弥补了 Kismet 缺乏人类儿童外观及表情的缺憾。

由此可见，近年来，随着技术的不断进步，仿人机器人交互与合作的研究逐渐升温。国外表情机器人的研究已不只局限于皮肤材料的制作、机械结构的设计及多传感器的信息融合，而是向着具有表情表达、心理模型、发育机制、学习及认知能力的智能人机交互方向努力发展。其中，美国媒体实验室的研究多关注机器人的社会交互性，日本早稻田大学的研究则关注交互的拟人性、情绪性，从系统结构、传感器、机械结构及主要特征四个方面，针对其中具有代表性的七种表情机器人进行了总结与对比分析。

我国的机器人研究开始相对较晚。先后经历了 20 世纪 70 年代的萌芽期，80 年代的开发期和 90 年代的适用化期。经过多年的发展，我国的机器人研究在一些方面已经达到了世界先进水平，但还存在着一些问题。一方面，在产业化上与国际水平有着一定的差距。另一方面，我国机器人研究多是借鉴外国先进技术，进行二次开发，自身技术创新较少。哈尔滨工业大学致力于服务机器人的研究工作，先后完成高楼壁面清洗爬壁机器人和玻璃幕墙壁面清洗爬壁机器人的研制。哈尔滨工业大学还与香港中文大学联合开发一种全方位移动清扫机器人。目前我国机器人主要朝着仿人仿生方向发展，已经取得了一定的成绩，但创新不足仍是主要问题。

我国对仿人机器人领域的研究始于 20 世纪 90 年代，大部分研究工作是针对人工情感理论与技术来实现的。在大力发展仿人机器人研究的大趋势下，国内积极举办相关会议以更好地促进学科的交流与发展。由北京科技大学、中国人工智能学会主办的中日感性工学与人工生命学术会议，专门对感性工学及人工生命等问题进行两国双边研讨。中国科学院自动化研究所中国自动化学会、中国计算机学会、中国图像图形学学会、中国中文信息学会、国家自然科学基金委员会和国家"863"计划计算机软硬件技术主题专家组作为主办单位决定在北京举办首届国际情感计算及智能交互学术会议。

1996 年，我国工程院院士蔡鹤皋教授成功研制出具有演讲技能的仿人演讲机器人，该机器人可实现眼球运动、讲话带动面部肌肉运动等功能。2004 年，哈尔滨工业大学机器人研究室研制出具有平静、严肃、高兴、微笑、悲伤、吃惊、恐惧、生气 8 种基本面部表情的仿人机器人 H&FRobot-I，该机器人头部具有 8 个自由度，可实现头部及五官的基本运动控制。同年，中国科学院自动化研究所研制出机器人"童童"，该机器人具有卡通外形，内置 10 多部微型伺服电机，五官可完成多种不同程度、不同速率的变化动作；颈部安装两部伺服电机可带动头部运动，以辅助和加强情绪的表现力，此外，针对特定情景，"童童"可实现诸如微笑、大笑、生气、愤怒、惊讶、思考、遗憾、得意扬扬、无精打采等百余种不同的表情变化，还可配以语音识别、肢体运动等功能。2005 年，哈尔滨工业大学研制出首台带有类人面部表情的"百智星"幼教机器人，该机器人集系统控制技术、机器人结构学研究、智能仿生技术、网络通信及扩展技术、语音合成技术于一身，能够根据其所讲述的内容配以相应的面部表情、口型及肢体动作。2007 年，北京科技大学设计出情感机器人头，其具备 14 个自由度，可实现眼睛、眼睑、嘴巴、眉毛、颈部等多部位运动，以辅助情绪模型实现表情行为的输出。2008 年，上海大学研制出具有恐惧、高兴、愤怒、惊喜、厌恶、悲伤 6 种基本面部表情的机器人 SHFR-I 样机，并在此基础上进行改进，实现了具有视觉和面部表情识别与合成及表情再现功能的机器人系统。2010 年，台湾大学研制出拟真脸部模拟机器人 Luo Head，其头部具有 36 个自由度，可实现眉毛、嘴巴和眼睛的动作控制，其外形及表情模仿能力惟妙惟肖。2011 年，西安超人高仿真机器人科技有限公司研制出具有高仿真智能表演能力的机器人"李咏 2"，该机器人共有 19 个自由度，可实现多达 255 种情绪表情的输出。

由于人体医学和生物学发展速度的限制，目前医学界和生物学界对人体和其他一些动物的工作机理了解得还不是十分透彻，如精确的人体运动学和动力学，人体大脑的工作机理，神经系统的相互作用机制，情绪与脑的关系等。从广义上来看，仿人机器人不仅用在对于人类的模仿上，还可以拓展到对其他生物行为的模仿中去，如针对蝙蝠的听觉、狗的嗅觉、苍蝇的接近觉和蜻蜓的视觉等生物机能的模仿。美国凯斯西储大学与美国海军研究院联合设计出一款多地形自适应性仿蟑螂两栖机器人 Whegs Ⅳ，其腿部采用简化的柔性结构设计，陆地运动灵活，可自动避越障碍，具有良好的系统稳定性，而水中运动依靠传统螺旋状设计，可上浮下潜；麦吉尔大学等在 RHex 系列陆地机器人的基础上研制出两栖机器人 Aqua；美国加州大学伯克利分校研制出单眼可飞行的仿苍蝇机器人，用于研究获得苍蝇杰出的飞行能力；我国哈尔滨工业大学及北京航空航天大学先后研制出两栖仿生蟹和 SPC-Ⅱ型机器鱼。仿生机器人的研究正朝着特种化、微型化、多形态化的方向不断发展，但由于仿生学科本身还没有对这些动物的特异功能的产生机理精确仿生，所以将这些特异功能应用于机器人还需要相当长的一段时间，相信在不远的将来，在人体医学、生物学和仿生学发展到一定的程度以后，真正仿人的机器人，而且还有许多人类所不具备功能的仿人机器人将会出现。

二、智能机器人行为上的深度学习

尽管对除人之外的生物是否具有智能、意识、情感、想象力等命题有着广泛而激烈的争议，但一个显而易见的事实是，要研制出更高智能，甚至媲美人类智能的机器人，就需要不断从生物学中汲取有用的思想、理论、方法。目前受生物启发的行为选择方法主要有人工情感、注意、认知等。

随着技术的发展，人们希望机器人具有类似于人的情感，而不是一堆冷冰冰的机器，因此人工情感也就成为当前机器人研究的一个热门课题，受到了越来越多研究者的关注。将人工情感应用于机器人，提出了一种名为情感化行为选择的机制，并应用于工作在办公室环境下的机器人中。机器人有 3 种行为，寻找、探索和玩，以及 7 种情感状态，厌烦、坚持、挫败感、不安、好奇、好玩和兴趣。7 种情感对每种行为起着或激励或抑制的作用，激励值最大的行为将被机器人执行。除此之外，将情感模型用于虚拟人的行为选择，也取得了不错的效果。

人能够在嘈杂的环境中相互交谈，即只关心来自谈话对象的声音，而不会受到周围噪声的干扰，这就是注意的选择性机制。这一机制受到神经生理学家长期的关注，建立了不少相应的模型，近年来在机器人中也得到了不少成功的应用。加福斯（Garforth）对人的执行注意进行了建模，用于控制反应方式和有意识行为的选择，并成功应用于仿真机器人。Dalgalarrondo 利用生物视觉上注意管理器的概念设计了对应的控制体系结构，并用于装备有摄像机的机器人，在该结构中，注意管理器除了负责感知进程的时间和运算资源的分配外，还负责根据环境的动态变化，评估机器人面临的危险或机遇，从而决定是否要改变当前行为。

认知机器人是当前机器人研究前沿的一个重要方向，认知理论在机器人行为选择研究中也有着成功的应用。张惠娣结合认知模型和情感模型，设计了移动机器人导航控制系统，该系统通过基于认知和情感的学习与决策系统对行为进行评估，增加合适行为的权重，降低不合适行为的权重，从而形成一种有效的行为选择机制。

行为序列尚没有严格的定义，机器人只要在空间内运动一段时间，其一举一动被记录下来似乎都可称为行为序列。机器人可以通过学习，使得学习后按照一定的次序执行预先设计的行为以形成一连串有意义的连续动作。

人机交互是机器人学习行为序列的一个重要途径。Gorostiza 设计了一种人机交互系统，基于序列功能图的序列表示语言，人能通过语音对机器人的行为序列进行编辑、执行和调试，通过不断地往行为序列中加入基本的动作，使得机器人能学习比较复杂的动作或技巧。卡普兰（Kaplan）等人应用 skinner 操作条件反射理论，设计了一种教会机器人复杂动作的模型，使得人可以像训练动物一样训练索尼的机器狗 AIBO，使之学会特定的行为序列。为了使机器人具备应付日常生活的能力，迪尔曼（Dillmann）在一个厨房里布置了大量的传感器用于捕捉人开关冰箱、拿放碟子的信息，机器人则在获得这些信息后从中识别出人类示范者的动作和动作序列，从而学会类似的动作。这种示教式学习方法的关键技术就是如何有效地识别出示范者的动作或动作序列，为此 Khadhouri 等人引入生物学上"视觉关注"的概念，对机器人如何分配有限的视觉传感器资源以获取完整的示范者的动作序列进行了研究。

三、高仿机器人

仿真人机器人就像真人，具有丰富的表情，这是仿人机器人研究一直追求的目标。目前，高仿真度仿真人机器人取得了一些突出成果，可以说话、变换表情，人机交流效果好，引起人们的关注。

日本科学家近两年推出一款以一名年轻女性为原型的仿真机器人。"她"能够模仿人类多种表情和动作，几乎以假乱真。这款机器人配备动作捕捉系统和 12 个气压传动装置，能够同步模仿人类行走、说话等动作。面部由橡胶制成，能够做出微笑、咧嘴笑和皱眉等表情。这款机器人（现阶段）在 5~10 秒的时间让人难辨真伪，科学家们正在把这段时间延长至 10 分钟。

日本产业技术综合研究所（AIST）还研制出一个会说话、可行走又具有丰富表情的新型"HRP-4C"机器人，"她"身穿一套银白和黑色相间的太空服。身高和体重同日本普通女性基本接近。"HRP-4C"全身共有 30 个马达来控制肢体移动，可以做出喜、怒、哀、乐和惊讶的表情。此外，它还能够缓慢行走，眨眼睛和用女性嗓音说话。

韩国科研人员今年已经将新研制的"机器人教师"投放到教学实践岗位。操控人员可以通过传声器和摄像机来遥控"机器人教师"，而机器人则通过语音识别系统来和学生们交流。这些"机器人教师"从来不会生气，也不会对学生大发脾气，学生们对他们"机器人教师"的工作普遍持拥护的态度。科研人员表示，实践证明"机器人英语教师"有助于提高学生学习英语的兴趣并增强他们的自信。

国内江苏大学计算机科学与通信工程学院在仿真人机器人方面进行了研究与探索，并取得初步成果——机器人教师，其特点如下。

（1）与现有技术相比，江苏大学机器人教师具有突出的技术特点和显著进步。内部结构完全按真人的骨架结构与尺寸和比例来设计；外表形状按真人外形设计；在表情建立、行走控制理论等方面取得进展。

（2）遥控仿真教学机器人应用了无线网络视频传输的技术特点，江苏大学机器人教师能够将应用环境（课堂或监控等）的图像传输到任何具备网络条件的控制端，由后台控制（遥控）教学机器人的教学内容并回答学生的提问，所以适用范围广。

（3）遥控仿真教学机器人具有多功能（多用途）特点，可以广泛用于各种需要仿真人、机器人的场合，有明显的市场和经济效益。

（4）遥控仿真机器人还努力争取在机器人动力（电源）供给技术方面有所突破，正在试验采用电力无线传输的先进技术。如果能做到这一点，该机器人外部将没有任何连接电源和信号线，内部也没有电池，大大扩展了其应用范围。

（5）江苏大学仿真机器人教师在行走驱动与控制方面，准备全面采用超声波电机技术；超声波电机是全新概念的新型驱动装置，电机具有转速低、转矩大、结构紧凑、体积小、噪声小等优点。

在美国拉斯维加斯举办的 CES 2015 国际消费电子展上，东芝公司推出了一款名为 Chihim Aico 的概念性智能仿真机器人，拥有唱歌、与人交流等功能。据了解，Chihim Aico 是东芝公司人类智能社区理念的一部分，该机器人可以充当医疗专家，为老人或残疾人提供帮助；还可以成为服务管家，为用户端盘上菜；甚至扮演啦啦队队长的角色。这款机器人拥有高级的面部表达能力，可以通过 43 个气压传动装置提供安静、迅速、流畅的肢体运动。气压传动装置中有 15 个位于面部，4 个位于躯干，24 个位于肩膀和胳膊中。

我国西安超人雕塑研究院先后开发过两代表演机器人，都有着逼真的面部特征，有着与人类极其相似的外表皮肤，能够说话、与人交流，可以做简单的动作。2006 年，西安超人雕塑研究院推出一款依照该院院长邹人偶为原型设计制作的高仿真机器人"邹人偶"，该机器人除了具备机器人的自动化技术特征外，最为独特的是拥有和真人几乎一模一样的外形。

第三节 机器舞蹈

一、机器人舞蹈

西周时期，我国的能工巧匠偃师就研制出了能歌善舞的伶人，这是我国最早记载的机器人。

《北京日报》报道，一种新型智能机器人已在京研制成功，它不但能翩翩起舞，还能和人进行语音对话聊天。头部能够自由运动的关节有 18 个之多，这保证了它能模仿人类做出多种表情。除喜、怒、惊、悲、恐等常规表情外，机器人还能做一些常人难以做出来的怪异表情，如对眼、斜歪嘴等。

娱乐机器人是智能服务机器人的一个分支，具有极强的观赏和趣味性，是一个系统化的工程设计，涉及运动机器人的设计、制作、自动控制和通信，是传感和感知的融合，是精密机械等众多学科的前沿研究与综合的集成。拟人机器人是近来娱乐机器人发展的热点，索尼机器人是这类机器人的明星。

世界上最早的两足步行机器人是由被誉为"世界人形机器人之父"的日本早稻田大学加藤一郎教授领导的团队于 1973 年研制的，1996 年他们又研制出 WABIAN-3 仿人机器人，该仿人机器人能够在人的引导下完成简单的舞蹈动作。

2005 年中央电视台"春节联欢晚会"上，香港明星刘德华理所当然地成为观众的焦点，可是当时在舞台上竟然还有比刘德华更加引人注目的人物，它们就是随着刘德华的欢快的新歌《恭喜发财》的旋律而翩翩起舞的两个高科技智能机器人——索尼 QRIO 梦幻组合。

舞蹈机器人既是娱乐机器人的一种，又是集成了多学科前沿技术的运动机器人的一种。机器人舞蹈，既具有极强的观赏和趣味性，更是一个系统化的工程设计。

二、影视动漫里的机器人形象

日本动漫中的机器人形象：机器人动漫，在日本形成了一条独特的发展道路。阿童木与铁人 28 号可谓日本早期动漫机器人的代表。1963 年播出的日本首部国产电视动漫《铁臂阿童木》讲述了拥有超能力的少年机器人阿童木跟地球上的居民为了保卫和平同坏人做斗争的经历，塑造了一个善良、勇敢、百折不挠的艺术形象。阿童木于 2003 年被选为东京新宿区的"未来特使"，2010 年 4 月还为 7 岁的阿童木举行了小学入学仪式，其人气指数可见一斑。阿童木以其个性鲜明、生动形象的造型，以及超强的能力吸引了观众们的视线，这个体型与人类大小相当，有着探照灯般的大眼睛、留着黑色尖发、脚蹬红色长靴的机器人，也是中国 20 世纪 80 年代家喻户晓的动画形象。同时代的还有名为铁人 28 号的遥控操纵巨型动漫机器人，讲的是少年侦探金田正太郎凭借铁人 28 号的力量，将黑恶势力打败、维护和平的故事。铁人 28 号身着中世纪的铠甲，肌肉浑厚，身体强健。这种超级巨大的早期机器人，形体拟人化的同时，还必须通过遥控器、无线电波等进行操控，因为人类要借助机器人坚硬的外壳在意识层面实现人类自我不能实现的理想。

哆啦 A 梦与奥特曼是 20 世纪 60 年代末期的动漫机器人形象。哆啦 A 梦是 1969 年漫画家藤子不二雄创作的极具影响力的蓝色猫型动漫机器人，中文曾有机器猫、小叮当、阿蒙等多种译法。哆啦 A 梦为了帮助小主人公大雄，从未来的 22 世纪来到 20 世纪，哆啦 A 梦的腹部有个神奇的口袋，从中可以随时取出 22 世纪的工具帮助大雄。作品虚拟了一个充满童趣想象力的科幻世界，至今依然有着极高的人气。动漫电影《哆啦 A 梦：大雄与新铁人兵团》

（2011 年）和《哆啦 A 梦：大雄与奇迹之岛》（2012 年）分别获得了 25 亿日元和 36.2 亿日元的极高票房。奥特曼是与哆啦 A 梦同时代的巨型机器人的代表，它是来自 M78 星云的宇宙人，银色的形体配以红色的条纹，分别象征了"最先进的科学技术宇宙火箭"和"人类血液"的颜色，是"高端科技与人类血液"的混合体，眼睛不再是跟人类相同的黑眼珠，而是想象中的宇宙生物闪烁的状态，以强调其不同于地球人的特征，必杀技也不再是传统的拳术或日本刀术，而是合成光束，动漫形象发生了很大变化。20 世纪 80 年代以来的机器人动漫可推《机动战士高达》《新世纪福音战士》及《攻壳机动队》。《机动战士高达》被认为是日本现实主义动漫的开端，讲述了地球联邦与宇宙殖民国家之间的战争。"高达"是一种可变形组合的、任何人都可以操纵的高科技人形武器。该动漫自 1979 年播放以来，30 余年里播出了多部，至今热度不减。以《新世纪福音战士》为代表的 20 世纪 90 年代中期的动漫机器人追求个性、时尚、高科技和多元化，出现了仿生、软件等新变化，更多运用了心理学和精神分析的概念，将西方的创世神话引用到作品中。进入 21 世纪，出现了机器人与人类从外形上难分彼此的动漫作品，例如《攻壳机动队》中的仿真机器人、人机合体的机器人等，体现了人类对人工智能等未来科技力量的向往。不难看出，"高达"以后的机器人动漫，大都设置了庞大的战争、犯罪题材为背景，剧情更加复杂多元化，在战争的残酷和血腥中承载了创作者对于社会、科技、战争等问题的深层次的思考。

三、机器舞蹈创作

舞蹈是世界的经验智慧，是对大自然和感官的反应。人是由分层元素组成，包括但不限于智力、情感、身体、社会、美学、创意和精神。一切都在互通，一切都存在于关系之中。

随着创新和学科融合技术的发展，人们探索了一种科学化的舞蹈创造，其系统由 3 个模块组成：音乐分析、人的控制和机器人舞蹈控制，它们通过多线程架构并行处理，在基于反应行为的方法中诱导机器人舞蹈表演。所产生的舞蹈通过运动连接器来连接系统，该运动可以被事先动态地定义，然后由机器人对这些节奏事件发生的反应方式进行感知。

最近几代机器人的形状和发音能力越来越像人类，这种进步促使相关工作人员设计出可以模仿人类舞蹈的复杂性舞蹈机器人，甚至与人合作表演。然而，这些公共机器人应用缺乏感知，主要表现为预编程的听障人士机器人的人为自适应行为很少。音乐一般是由一连串的声音和节奏组织在一起，表演者的注意力集中在每个连续的音符。在舞蹈中，身体运动成为对音乐节奏事件的自然反应。文中叙述的感知机器人是基于自动音乐信号分析的机器人应用，以此设计出一个灵活的舞蹈框架。为了获得这些预期的事件，我们将分析集中在检测音乐的起始时间（每个音符的开始时间），通过起始检测功能（其峰值意图与音符开始时间相符），代表能量变化随着时间的推移，由数字和弦、音乐信号组成音乐数据。使用这种节奏感知模型，我们和机器人以时间同步的方式反应性地执行适当的舞蹈运动，机器人会单独自发地模拟人类的动态运动行为。机器人的身体运动行为由 3 个节奏事件组合而成，即低、中等或强力和由检测到的颜色定义的两个感觉事件组：蓝色，黄色，绿色，红色；靠近障碍物：OK，Too Close（太接近）。基于这些输入的交换，用户可以适当地通过界面动态地定义每个预期的舞蹈动作。

舞蹈是一种创造性的艺术形式。在创造性环境中培养的思维方式可以富有深意，涉及心灵与身体之间的共生关系。在学术方面，舞蹈研究人员则追求寻找完美的舞蹈互动解决方案，以实现可与人类相互作用的感知机器人舞蹈。日本专家中冈三益（S.Nakaoka）提出了一种使双足动物机器人 HRP-2 通过使用运动捕捉系统模仿日本传统民间舞蹈的复杂运动的空间轨迹的方法。为了做到这一点，他们开发了学习观察（LFO）训练方法，使机器人能够从观察人类的舞蹈中获取知识及做出模仿。相关研究人员开发了一个类人机器人，海丽——音乐家（打击乐手），同步打击乐器。他们的机器人听着这个打击乐，实时分析音乐线，并用其结果以节奏多样的方式进行表演。为了执行它们，使用两个 Max/MSP 对象，一个用于检测音乐节拍，另一个用于从中收集音调和音色信息，授予舞蹈同步节奏。

索尼公司（SONY）创造的舞蹈机器人，依赖于重复同步机器人与人之间的动态的夹带合奏模型而开发。为了保持同步，他们使用了一个特殊的视觉系统，通过该系统，舞蹈机器人可以模拟检测到人体运动轨迹。机器人电动机指令通过转换处理与音乐节奏相对应的脉冲序列的神经网络输出来实时生成舞蹈动作。

机器人舞蹈感知系统架构由一个机器人组成，它由 Lego Mindstorms NXT 套件构成，是一个融合了多色层的舞蹈环境，以诱导依赖于阶梯式颜色，以及限定跳舞空间的覆盖墙和 3 个软件模块，即音乐分析，机器人舞蹈控制和人的控制。每个人负责控制特定事件。所有这些模块都以多线程范例进行处理，以保持与机器人舞蹈同步的音乐节奏行为的并行性。基于这种科学性技术，感知系统使用两个 NXT 模块构建了类人形机器人，这两个模块控制 6 个伺服电机（每个腿和每个臂各 1 个，1 个用于旋转臀部，1 个用于旋转头部）和 2 个传感器，这个机器人设计允许 16 个单独的舞蹈运动。音乐分析模块是使用基于 Marsyas 起始检测功能的节奏感知算法来检测节奏事件。这些事件通过 TCP/IP 插座实时发送到通过蓝牙远程控制机器人的机器人控制模块。在前两者的控制中，人的控制模块由用户图形界面（GUI）组成，用户可以通过用户界面来进行交互系统，通过定义主要控制参数和合成舞蹈的组成。

人体控制模块分为两个部分：机器人控制面板和舞蹈创作菜单。机器人控制面板是用户可定义的控制面板，可以根据设计设置一个或两个 NXT 模块的蓝牙连接；要分析音频文件的定义及其通信参数（可能保存在正确的 txt 文件中）。舞蹈创作菜单，允许用户根据给定的节奏和颜色动态定义每个单独的舞蹈运动；将合成的舞蹈保存在适当位置的 xml 文件中。该模块的高级位置（人）控制整个过程，然后用户通过动态选择的单独舞蹈动作来定义机器人的编排。这样机器人就可以创造出一个智能机器人舞者重要的第一步，它可以根据音乐作品的节奏产生丰富而合适的舞蹈动作，并通过动态舞蹈定义来支持人机交互。

设计一种在短期同步和长期自主行为之间呈现动态的娱乐系统是保持人与人造物之间交互关系的关键。机器人舞蹈感知表演基本上是基于现实观察，与现实世界舞蹈环境中的人类行为的有意义的数据相比较，然后分析同步、动力和现实主义因素。

（1）由于算法的复杂性、处理和蓝牙限制，这主要是由于在单个处理器上使用多线程。由于竞争条件（依赖某一特定的线程处理顺序来完成某个功能），引起了一些同步的缺陷（复杂的高度时间消耗）舞蹈运动决定任务和机器人蓝牙通信溢出（它只能以 50~100 ms 的时间间隔通过 BT 接收/发送数据，并且需要大约 30 ms 从接收模式转换到电机—传输模式—传感器）。

（2）机器人的舞蹈感知是由各种可能的舞蹈风格定义，由不同的个人舞蹈运动（加无声）分布于不同的事件（节奏事件、颜色事件）中（可以重复两个或多个相同的运动），并由机器人感知舞蹈环境进行练习。因此，这种动态行为被转变为人类决策的多功能性，其具有通过灵活传导使机器人性能适应自身的能力。

（3）机器人系统通过在反应性行为的舞蹈表现中的感知和行动来保持与现实世界的联系（机器人试图复制人的行为）。机器人通过感知人的舞蹈动作直接体验世界（舞蹈环境），这个世界通过感知位置（颜色和超声波感知）直接影响其行为。所产生的舞蹈以自主的方式交替，在与音乐节奏相结合的多种运动风格之间交替，并且与舞蹈环境上的色彩一致。在机器人舞蹈感知系统中，多机器人舞蹈可以在跳舞时允许创建同步和动态地编排舞蹈集群，并通过添加其他感官事件（如加速度和方向）来提高机器人的灵敏度。在不同的实验条件下，通过促进机器人的舞蹈表演增强机器人之间的交互感知。

第三章　智能信息处理技术

第一节　神经网络

神经网络是借鉴人脑的结构和特点，通过大量简单处理单元互联组成的大规模并行分布式信息处理和非线性动力学系统。

神经网络由具有可调节权值的阈值逻辑单元组成，通过不断调节权值直至动作计算表现令人满意来完成学习。

人工神经网络的发展可以追溯到 1890 年，美国生物学家阐明了有关人脑的结构及其功能。1943 年，美国心理学家 W. Mcculloch 和数学家 W. Pitts 提出了运用神经元网络对信息进行处理的数学模型（M-P 模型），揭开了神经网络研究的序幕。1949 年，Hebb 提出了神经元之间连接强度变化的学习规则，即 Hebb 规则，开创了神经元网络研究的新局面。1987 年 6 月在美国召开的第一次国际神经网络会议（ICNN）宣告了神经网络计算机学科的诞生。目前神经网络应用于各行各业。

一、神经网络的模型和学习算法

（一）神经网络的模型

神经网络通过神经元模仿单个的神经细胞。其中，x_i 表示外部输入，f 为输出，圆表示神经元的细胞体，θ 为阈值，ω_i 表示连接权值。图 3-1 为一个神经元的结构。

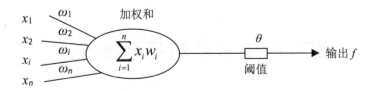

图 3-1　一个神经元的结构

输出 f 取决于转移函数 φ，$f = \varphi\left(\sum_{i=1}^{n} x_i w_i - \theta\right)$，常用的转移函数有 3 种，根据具体的应用和网络模型进行选择。

神经网络具有以下优点：①可以充分逼近任意复杂的非线性关系；②具有很强的鲁棒性和容错性；③并行处理方法，使得计算快速；④可以处理不确定或不知道的系统，因神经网络具有自学习和自适应能力，可根据一定的学习算法自动地从训练实例中学习；⑤具有很强的信息综合能力，能同时处理定量和定性的信息，能很好地协调多种输入信息关系，适用于多信息融合和多媒体技术。

以下是 3 种典型的神经网络拓扑结构：

1.单层网络

最简单的网络是把一组几个节点形成一层，如图 3-2 所示。图中，左边的小圆圈只起分配输入信号的作用，没有计算作用，所以不看作网络的一层，右边用大圆圈表示的一组节点则是网络的一层。输入信号可表示为行向量 X=（x_1，x_2，…，x_n），其中每一分量通过加权连接到各节点。每一节点均可产生一个输入的加权和。实际的人工神经网络和生物神经网络中有些连接可能不存在，为了更一般化，采用全连接。

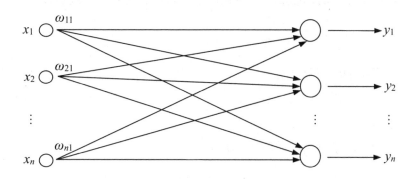

图 3-2　单层人工神经网络

　　权值用于模拟神经元之间的连接强度，而通过学习得到的信息或知识就"存储"在权值中，并以权值表现出来。

　　2.多层网络

　　将单层网络进行级联，一层的输出作为下一层的输入，即可得到多层网络（图 3-3）。在多层网络中，同样地，接收输入信号的输入层不计入网络的层数。产生输出信号的层为输出层，除此之外的层称为隐层。在多层网络中，层间的转移函数是非线性的。

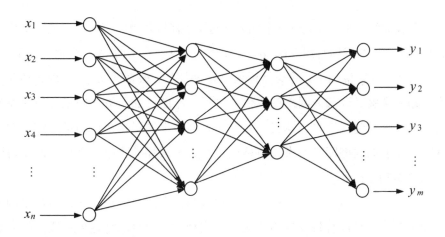

图 3-3　多层人工神经网络

　　3.回归型网络（反馈型网络）

　　一般来说，凡包含反馈连接的网络均称为回归型网络，或称反馈型网络。

反馈连接就是一层的输出通过连接权回送到同一层或前一层的输入。

（二）神经网络的学习算法

神经网络的学习算法分为三大类：有教师学习（也称为监督学习、有指导的学习）、无教师学习（也称为非监督学习、无指导的学习）和增强（或分级）学习。

神经网络的学习过程如图 3-4 所示。

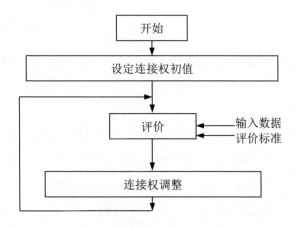

图 3-4　神经网络的学习过程

有教师学习中，对于每一个输入向量 x_k，有与之相对应的目标或期望输出 d_k 时，就可以构成训练组 (x_k, d_k)，$k=1, 2, \cdots, l$，当加入一个输入向量时，算出网络的实际输出 y_k，并与目标输出 d_k 相比较，根据其误差 δ_k，用某种算法或规则来调整（训练）网络的权值。这样，不断地加入输入向量，使网络的实际输出越来越接近目标输出，直到所有训练组的误差都达到可以接受的程度时，权值的训练即告结束，目标向量起到了教师的作用。有教师的学习过程如图 3-5 所示。

在无教师的学习中，根据网络的输入和自身的"经历"来调整网络的权值和偏置值，它没有目标输出。大多数这种类型的算法都是要完成某种聚类操作，学会将输入模式进行分类。这种网络的学习评价标准是隐含于网络的内部的。无教师的学习过程如图 3-6 所示。

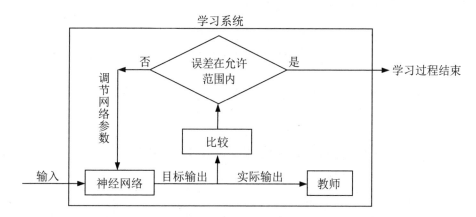

图 3-5 有教师的学习过程

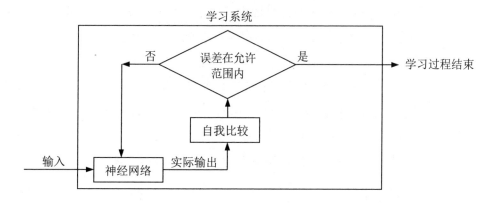

图 3-6 无教师的学习过程

转移函数（激励函数）描述了生物神经元的转移特性，可以是 s 的线性或非线性函数，可以用特定的转移函数满足神经元要解决的特定问题。常用的有：

1.阈值型

输出为 ±1 或（0，1）两种状态，有时称为硬限幅函数。

$$y = \varphi(s) = \begin{cases} 0, & s < 0 \\ 1, & s \geq 0 \end{cases}$$

2.分段线性型

神经元的输入输出特性满足一定的区间线性关系。

$$y = \varphi(s) = \begin{cases} 0, & s \leqslant -\dfrac{1}{2} \\ s, & -\dfrac{1}{2} < s < \dfrac{1}{2} \\ 1, & s \geqslant \dfrac{1}{2} \end{cases}$$

3. S 型

常表示为对数函数，是一种常用的可微激活函数，这样的一个激活函数使得神经网络的输出具有良好的统计解释。

$y = \varphi(s) = \dfrac{1}{1 + \mathrm{e}^{-s}}$，或表示为双曲正切函数：$y = \varphi(s) = \dfrac{\mathrm{e}^{s} - \mathrm{e}^{-s}}{\mathrm{e}^{s} + \mathrm{e}^{-s}}$。

隐层为 S 型神经元的二层网络是一类实用上非常重要的神经网络，它能以任意精度表示任何连续函数。只要隐层神经元的个数充分多，则隐神经元为 S 型神经元而输出元为线性元的二层网可任意逼近任何函数。

其重要推论是就分类问题而言，这一网络能以任意精度逼近任何形状的决策边界。因此，这一网络提供了一个万能非线性判别函数。

神经网络的学习规则就是修改神经网络的权值和偏置值的方法和过程（也称这种过程为训练算法）。学习规则的目的是训练网络来完成某些工作。

下面我们对一个神经网络的学习进行讨论，假设该网络由 S 型神经元构成，则选择转移函数为 $y = \varphi(s) = \dfrac{1}{1 + \mathrm{e}^{-s}}$，则此网络中第 i 层第 j 个输出为

$y_i^{(j)} = \dfrac{1}{1 + \mathrm{e}^{-s_i^{(j)}}}$，其中 $s_i^{(j)} = X^{(j-1)} \cdot W_i^j - \theta_i$，$X^{(j-1)}$ 为第 j-1 层的输入向量

$(x_1^{(j-1)},\ x_2^{(j-1)}, \cdots,\ x_n^{(j-1)})$，$W_i^{(j)}$ 为相应的权值向量 $(w_1^j,\ w_2^j, \cdots,\ w_n^j)$。对权的

调节公式为：$w_i^{(j)} = w_i^{(j)} + \Delta w_i^{(j-1)}$。通过对权不断地调节，使网络得到训练，从而使网络的实际输出 y 越来越接近目标输出 d，网络学习结束，实现了我们的目标。在不同的神经网络学习算法中，对 $\Delta w_i^{(j-1)}$ 的计算方式各不相同。

二、神经网络的类型

（一）多层感知网络（误差逆传播神经网络）

在 1986 年以 Rumelhart 和 McCelland 为首的科学家出版的 *Parallel Distributed Processing* 一书中，完整地提出了误差逆传播学习算法，并被广泛接受。多层感知网络是一种具有 3 层或 3 层以上的阶层型神经网络。典型的多层感知网络是 3 层、前馈的阶层网络，即输入层 *I*、隐含层（也称中间层）*J*、输出层 *K*。相邻层之间的各神经元实现全连接，即下一层的每一个神经元与上一层的每个神经元都实现全连接，而且每层各神经元之间无连接。

学习规则及过程：它以一种有教师的方式进行学习。首先由教师对每一种输入模式设定一个期望输出值。然后对网络输入实际的学习记忆模式，并由输入层经中间层向输出层传播（称为"模式顺传播"）。实际输出与期望输出的差即是误差。按照误差平方最小这一规则，由输出层往中间层逐层修正连接权值，此过程称为"误差逆传播"。所以误差逆传播神经网络也简称 BP（back propagation）网络。随着"模式顺传播"和"误差逆传播"过程的交替反复进行，网络的实际输出逐渐向各自所对应的期望输出逼近，网络对输入模式的响应的正确率也不断上升。通过此过程，确定各层间的连接权值之后就可以学习了。

BP 模型是一种用于前向型神经网络的反向传播学习算法，由鲁梅尔哈特（D. Rumelhart）和麦克莱伦德（McClelland）于 1985 年提出。目前，BP 算法已成为应用最多且最重要的一种训练前向型神经网络的学习算法。BP 模型采用可微的线性转移函数，通常选用 S 型函数。

BP 算法的学习目的是对网络的连接权值进行调整，使得对任一输入都能得到所期望的输出。学习的方法是用一组训练样例对网络进行训练，每一个样例都包括输入及期望的输出两部分。训练时，首先把样例的输入信息输入网络中，由网络自第一个隐层开始逐层地进行计算，并向下一层传递，直到传至输出层，其间每一层神经元只影响下一层神经元的状态。然后，以其输出与样例的期望输出进行比较，如果它们的误差不能满足要求，则沿着原来的连接通路逐层返回，并利用两者的误差按一定的原则对各层节点的连接权值进行调整，使误差逐步减小，直到满足要求时为止。调整权值最简单的方法是固定步长的梯度下降法。

BP 算法的学习过程的主要特点是逐层传递并反向传播误差，修改连接权值以使网络能进行正确的计算。由于 BP 网及误差反向传播算法具有中间隐含层并有相应的学习规则可循，它具有对非线性模式的识别能力。特别是其数学意义明确、步骤分明的学习算法，更使其具有广泛的应用前景。目前，在手写字体的识别语音识别、文本—语言转换、图像识别，以及生物医学信号处理方面已有实际的应用。

但 BP 网并不是十分的完善，它存在以下一些主要缺陷：学习收敛速度太慢、网络的学习记忆具有不稳定性，即当给一个训练好的网提供新的学习记忆模式时，将使已有的连接权值被打乱，导致已记忆的学习模式的信息的消失。

以隐层为 S 型神经元的 BP 网络为例，$\Delta w_i^{(j-1)}$ 使用下式计算：

$$\Delta w_i^{(j-1)} = c_i^{(j)} \delta_i^{(j)} x^{(j-1)}$$

式中，$c_i^{(j)}$ 为该权向量的学习率函数，通常可认为同一网络中所有权向量的学习率相同。

$\delta_i^{(j)}$ 反映的是误差的一种衡量：

$$\delta_{i'}^{(j)} = f_i^{(j)} (1 - f_i^{(j)}) \sum_{l=1}^{m_{j+1}} \delta_i^{(j+1)} w_{il}^{j+1}$$

$mj+1$ 为第 $j+1$ 层的神经元数，w_{il}^{j+1} 为第 $j+1$ 层的神经元的权值中的第 1 个，$\delta^{(k)} = (d-f) f (1-f)$。$x^{(j-1)}$ 为第 $j-1$ 层的输入向量。

例：用 BP 算法训练一个能解决奇偶性问题的函数，若输入有奇数个 1，则输出为 1，否则为 0（图 3-7）。x_i 为输入，f 为输出，箭头上的数字为初始权值。

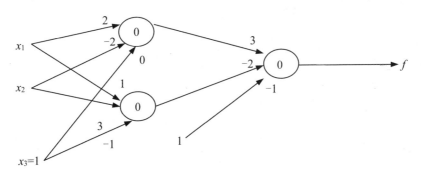

图 3-7 解决函数性问题的算法训练

用 $x_i^{(j)}$ 表示第 j 层的第 i 个输入，$f_i^{(j)}$ 表示第 j 层的第 i 个输出，d 为期望的输出结果，f 为实际输出。

在这个网络中，可能的输入和期望输出有四种：

（1）$x_1^{(0)}=1$，$x_2^{(0)}=0$，$x_3^{(0)}=1$；$d=0$（输入有 2 个 1，输出为 0）。

（2）$x_1^{(0)}=0$，$x_2^{(0)}=0$，$x_3^{(0)}=1$；$d=1$（输入有 1 个 1，输出为 1）。

（3）$x_1^{(0)}=0$，$x_2^{(0)}=1$，$x_3^{(0)}=1$；$d=0$（输入有 2 个 1，输出为 0）。

（4）$x_1^{(0)}=1$，$x_2^{(0)}=1$，$x_3^{(0)}=1$；$d=1$（输入有 3 个 1，输出为 1）。

$$s_1^{(1)} = X^{(0)} \cdot W_1^{(1)} - \theta_1^{(1)} = (1,\ 0,\ 1) \cdot (2,\ -2,\ 0) - 0 = 2$$

$$f_1^{(1)} = \frac{1}{1+e^{-s_1^{(1)}}} = \frac{1}{1+e^{-2}} \approx 0.881$$

$$s_2^{(1)} = X^{(0)} \cdot W_2^{(1)} - \theta_2^{(1)} = (1,\ 0,\ 1) \cdot (1,\ 3,\ -1) - 0 = 0$$

$$f_2^{(1)} = \frac{1}{1+e^{-s_2^{(1)}}} = \frac{1}{1+e^{-0}} \approx 0.500$$

$$s^{(2)} = X^{(1)} \cdot W^{(2)} - \theta^{(2)} = (0.881,\ 0.500,\ 1) \cdot (3,\ -2,\ -1) - 0 = 0.643$$

$$f = \frac{1}{1+e^{-s^{(2)}}} = \frac{1}{1+e^{-0.643}} \approx 0.655$$

$$\delta^{(2)} = (d-f)f(1-f) = （0-0.655）\cdot 0.655 \cdot （1-0.655）\approx -0.148$$

$$\delta_1^{(1)} = f_1^{(1)}(1-f_1^{(1)})\sum_{l=1}^{m_{l+1}}\delta_l^{(1+1)}w_{il}^{1+1}$$

$$= 0.881 \cdot （1-0.881）- \delta_1^{(2)}w_{11}^2$$

$$= 0.881 \cdot 0.119 \cdot （-0.148）\cdot 3$$

$$\approx -0.047$$

$$\delta_2^{(1)} = f_2^{(1)}(1-f_2^{(1)})\sum_{l=1}^{m_{l+1}}\delta_l^{(1+1)}w_{2l}^{1+1}$$

$$= 0.500 \cdot （1-0.500）- \delta_1^{(2)}w_{21}^2$$

$$= 0.500 \cdot 0.500 \cdot （-0.148）\cdot （-2）$$

$$\approx 0.074$$

$$w_1^{(1)} = w_1^{(1)} + \Delta w_1^{(1-1)}$$

$$= w_1^{(1)} + c_1^{(1)}\delta_1^{(1)}x^{(1-1)}$$

$$= （2,\ -2,\ 0）+1 \cdot （-0.047）\cdot （1,\ 0,\ 1）$$

$$= （2,\ -2,\ 0）+（-0.047,\ 0,\ -0.047）$$

$$= （1.953,\ -2,\ -0.047）$$

$$w_2^{(1)} = w_2^{(1)} + \Delta w_2^{(1-1)}$$

$$= w_2^{(1)} + c_2^{(1)}\delta_2^{(1)}x^{(1-1)}$$

$$= （1,\ 3,\ -1）+1 \cdot （0.074）\cdot （1,\ 0,\ 1）$$

$$= （1,\ 3,\ -1）+（0.074,\ 0,\ 0.074）$$

$$= （1.074,\ 3,\ -0.926）$$

$$w^{(2)} = w^{(2)} + \Delta w^{(1)}$$

$$= w^{(2)} + c^{(2)}\delta^{(2)}x^{(1)}$$

　　　　=（3，-2，-1）+1·（-0.148）·（0.881，0.500，1）

　　　　=（3，-2，-1）+（-0.130，-0.074，-0.148）

　　　　=（2.870，-2.074，-0.148）

　　经过一次训练，得到以上 3 组新权值，将网络中的原始权值用新权值代替，再次进行训练，并反复进行此过程，直到结果满意为止（误差在我们可接受范围内，此网络就训练成功了）。

　　之后的训练过程留作练习。

（二）竞争型（Kohonen）神经网络

　　它是基于人的视网膜及大脑皮层对刺激的反应而产生的。神经生物学的研究结果表明：生物视网膜中，有许多特定的细胞，对特定的图形（输入模式）比较敏感，并使得大脑皮层中的特定细胞产生大的兴奋，而其相邻的神经细胞的兴奋程度被抑制。对于某一个输入模式，通过竞争在输出层中只激活一个相应的输出神经元。许多输入模式，在输出层中将激活许多个神经元，从而形成一个反映输入数据的"特征图形"。这种方法常常用于图像边缘处理，解决图像边缘的缺陷问题。

　　竞争型神经网络的缺点和不足：因为它仅以输出层中的单个神经元代表某一类模式，所以一旦输出层中的某个输出神经元损坏，则导致该神经元所代表的该模式信息全部丢失。

（三）Hopfield 神经网络

　　美国物理学家 J. J. Hopfield 分别于 1982 年及 1984 年提出的两个神经网络模型：一是离散的；二是连续的。它们都属于反馈型网络，从输入层至输出层都有反馈存在。Hopfield 神经网络可以用于联想记忆和优化计算，其利用非线性动力学系统理论中的能量函数方法研究反馈人工神经网络的稳定性，并利用此方法建立求解、优化计算问题的系统方程式来评价和指导整个网络的记忆功能。

　　Hopfield 和 D. W. Tank 用这种网络模型成功地求解了典型的推销员问题（TSP）。这在当时的神经网络研究中取得了突破性的进展，再次掀起了神经网络的研究热潮。

基本的 Hopfield 神经网络是一个由非线性元件构成的全连接型单层反馈系统。

网络中的每一个神经元都将自己的输出通过连接权传送给所有其他神经元，同时又都接收所有其他神经元传递过来的信息，即网络中的神经元 t 时刻的输出状态实际上间接地与自己的 $t-1$ 时刻的输出状态有关，所以 Hopfield 神经网络是一个反馈型的网络，其状态变化可以用差分方程来表征。反馈型网络的一个重要特点就是它具有稳定状态，当网络达到稳定状态的时候，也就是它的能量函数达到最小的时候。这里的能量函数不是物理意义上的能量函数，而是在表达形式上与物理意义上的能量概念一致，表征网络状态的变化趋势，并可以依据 Hopfield 工作运行规则不断进行状态变化，最终能够达到的某个极小值的目标函数。网络收敛就是指能量函数达到极小值。如果把一个最优化问题的目标函数转换成网络的能量函数，把问题的变量对应于网络的状态，那么 Hopfield 神经网络就能够用于解决优化组合问题。

Hopfield 神经网络的能量函数是朝着梯度减小的方向变化，但它仍然存在一个问题，那就是一旦能量函数陷入局部极小值，它将不能自动跳出局部极小点，到达全局最小点，因而无法求得网络最优解，这可以通过模拟退火算法或遗传算法得以解决。

离散型网络模型是一个离散时间系统，每个神经元只有两种状态，可用 1 和-1，或者 1 和 0 表示，由连接权值 w_{ij} 构成的矩阵是一个零对角的对称矩阵，即：

$$w_{ij} = \begin{cases} w_{ji} & ，若 i \neq j \\ 0 & ，若 i=j \end{cases}$$

在该网络中，每当有信息进入输入层时，在输入层不做任何计算，直接将输入信息分布地传递给下一层各有关节点。若用 $X_j(t)$ 表示节点 j 在时刻 t 的状态，则该节点在下一时刻（$t+1$）的状态由下式决定：

$$X_j(t+1) = \text{sgn}\{H_j(t)\} \begin{cases} 1 & ，H_j(t) \geq 0 \\ -1（或0） & ，H_j(t)<0 \end{cases}$$

其中：

$$H_j(t) = \sum_{i=1}^{n} w_{ij} X_i(t) - \theta_j$$

式中，w_{ij} 为从节点 i 到节点 j 的连接权值；θ_j 为节点 j 的阈值。

当网络经过适当训练后（权值已经确定），可以认为网络处于等待工作状态。给定一个初始输入，网络就处于特定的初始状态，由此初始状态运行，可以得到网络的输出（网络的下一状态）；将这个输出反馈到输入端，形成新的输入，从而产生下一步的输出；如此循环下去，如果网络是稳定的，那么经过多次反馈运行，网络达到稳定，由输出端得到网络的稳态输出。

离散型 Hopfield 神经网络中的神经元与生物神经元的差别较大，因为生物神经元的输入输出是连续的，且存在时延。于是 Hopfield 于 1984 年又提出了连续时间的神经网络，在这种网络中，节点的状态可取 0 至 1 间任一实数值。

（四）径向基函数网络（radial basis function network，RBF Network）

径向基函数（RBF）方法源于 Powell（1987 年）的多维空间有限点精确插值方法。可以从逼近论、正则化、噪声插值和密度估计等观点来推导。是一种将输入矢量扩展或者预处理到高维空间中的神经网络学习方法，其结构十分类似于多层感知器（MLP）。理论基础是函数逼近，它用一个二层前馈网络去逼近任意函数。网络输入的数目等效于所研究问题的独立变量数目。

（五）自适应共振理论（adaptive resonance theory，ART）

自适应共振理论是一种无教师的学习网络。由 S. Grossberg 和 A. Carpenter 于 1986 年提出，包括 ART1、ART2 和 ART3 三种模型。可以对任意多个和任意复杂的二维模式进行自组织、自稳定和大规模并行处理。ART1 用于二进制输入，ART2 用于连续信号的输入，ART3 用模拟化学神经传导动态行为的方程来描述，它们主要用于模式识别。

基本原理是：每当网络接收到外界的一个输入向量，它就对该向量所表示的模式进行识别，并将它归入与某已知类别的模式匹配中去；如果它与任何已知类别的模式都不匹配，则就为它建立一个新的类别。若一个新输入的模式与某一个已知类别的模式近似匹配，则在将它归入该类的同时，还要对那个已知类别的模式向量进行调整，以使它与新模式更相似。

三、神经网络的应用

神经网络广泛应用于以下领域：航空、汽车、国防、银行、电子市场分析、运输与通信、信号处理、自动控制等。

（一）在食品工业中的应用

食品加工通常涉及的参数、安全品质控制体系属于非线性或不稳定的系统，而神经网络技术作为预测复杂系统输出响应的方法，对于不能用数学模型、规则或公式描述的原始数据系统和问题非常适用，神经网络技术在食品工业的发展中发挥了重要作用。相比于前期的模式识别方法，神经网络在食品发酵、图像分析、感官评定、气味分析、含水率测定、食品无损检测、食品加工过程中的仿真和控制等方面具有显著的优势。由于 BP 神经网络的部分数据受试验操作者的主观因素的影响，容易出现过度拟合的现象，使其在未来发展中面临更多的挑战。随着近年来神经网络与遗传算法、模糊系统、进化机制相结合形成人工智能，在不久的将来，神经网络技术在食品工业应用中会越来越成熟，越来越完善。

（二）在水文领域中的应用

某地区位于我国西北地区某河流下游的绿洲地带，其经济社会发展的水源全部依靠一条起源于冰川融水的河流。近年来，该地区的耕地面积不断扩大，导致用水需求量逐渐升高，部分地区出现了地下水超量开采的情况。在这种情况下，工作人员在该地区设置了数十个地下水观测点位，对相关的数据信息进行监测，但由于这种观测依赖于人工采样，且采样时间和采样时机不固定，因此造成部分数值的误差较大，甚至部分数据长期缺失，影响了观测的准确性。为此，需要采用人工神经网络技术，以提高水文预测效果。

（三）在人工智能识别中的应用

随着世界各国对人工智能识别技术的深入研发，目前人工智能识别技术已经实现了对有生命体及无生命体两类的有效识别，拓宽了人工智能应用领域。在人们的日常生活中，人工智能技术已经得到普及，如其日常出行、购物扫码、上班打卡、APP 刷脸等成为人们生活中必不可少的工具。神经算法融合到人工智能识别技术，在原有人工智能识别技术上得到突破，提高识别的辨识度和精准度，获得了更为广阔的应用空间，为人们提供更加便利的生活。

（四）在高层建筑物沉降预测方面的应用

施工期的高层建筑物，以及受地铁及地下空间施工影响的已建成的高层建筑物，都应进行沉降监测。沉降监测既可保障建筑物施工期间的安全，也可以为以后建筑设计、施工、管理和科学研究提供可靠的数据支持。沉降数据回归预测分析方法有多元线性回归分析法、灰色模型法、支持向量机法、神经网络分析法、深度学习法等。采集高层建筑物施工层数、沉降观测时间间隔和沉降值数据作为样本数据，训练神经网络。利用检验样本数据和多元线性回归模型对神经网络预测结果进行验证，通过分析比较证明了神经网络在高层建筑物沉降值预测方面的可行性。

（五）在勘探地球物理的应用

地球物理是通过观测数据去探测不同尺度的未知地质目标。对于绝大多数勘探地球物理方法而言，探测目标的特征属性和观测数据之间并不存在线性对应关系，而是一种非线性映射，地球物理反演就是用正演模型去模拟这一映射，但需要对观测数据进行甄选。神经网络主要有"黑盒子"性质，且需大量数据驱动。由于地球物理问题的多解性及神经网络的不确定性，神经网络应用需要有足够多合适的训练数据，同时需要数据网络在实际数据的表现进行评估。随着地球物理数据和地质信息的不断积累，人工甄选和提取数据已变得越来越不现实。神经网络作为一种数据驱动的建模工具在地球物理中的应用越来越广泛，在数据预处理和图像识别等方面表现很出色。

目前，神经网络、模糊计算技术和遗传算法正在开始逐渐融合。将它们的不同特性融合在一起，可以取长补短，优化知识发现的过程，实现更加完善的信息处理。

神经网络与大数据的双剑合璧优势凸显，在语音识别、计算机视觉、医学医疗、智慧博弈领域都有着上佳表现，成为前沿热点。

第二节　深度学习

深度学习（deep learning）是机器学习研究中的一个新的领域，其目的是建立、模拟人脑进行分析学习的神经网络，模仿人脑的机制来解释数据。深度学习的概念由 Hinton 等人于 2006 年提出，其概念源于人工神经网络的研究，多层感知器就是一种深度学习结构。深度学习通过组合低层特征形成更加抽象的高层表示属性类别或特征，以发现数据的分布式特征表示。深度学习的优点是用无监督式或半监督式的特征学习和分层特征提取高效算法来替代以往的特征获取方法。

传统的机器学习算法都是利用浅层的结构，这些结构一般包含最多一到两层的非线性特征变换，浅层结构在解决很多简单的问题上效果较为明显，但是在处理一些更加复杂与自然信号的问题时就会遇到很多问题。

在深度学习中常用的几种模型：①自编码器模型，通过堆叠自编码器构建深层网络；②卷积神经网络模型，通过卷积层与采样层的不断交替构建深层网络；③循环神经网络。

之前的机器学习算法都需要人工指定其特征的具体形式，这个过程称为特征处理，通过对原始数据进行处理得到原始数据的特征，再通过具体的算法，如分类算法、回归法或者聚类算法对其进行处理，得到最终的处理结果。对于上述特征处理的工作，需要大量的先验知识，如果选取的特征能够较好地表征原始数据，最终的结果也比较好，反之，效果并不会很好。对于这样的需要大量经验知识的特征提取工作，是否存在一种可以自动学习出其特征的方式？深度学习很好地解决了这样的问题。

AutoEncoder 是最基本的特征学习方式，对于一些无标注的数据，AutoEncoder 通过重构输入数据，达到自我学习的目的。

对于如图 3-8 所示的多层神经网络模型，隐含层的层数增加，同时增加了训练的难度，在利用梯度下降对网络中的权重和偏置训练的过程中，会出现诸如梯度弥散的现象，为了充分利用多层神经网络来对样本进行更高层的抽象，Hinton 等人提出了逐层训练的概念。

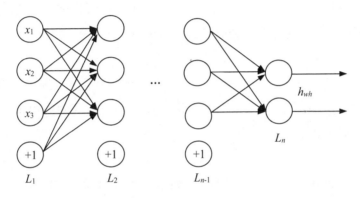

图 3-8　多层神经网络模型

在图 3-9 中，通过每次训练相邻的两层，并将训练好的模型堆叠起来，构成深层网络模型。自编码器 AutoEncoder 是一种用于训练相邻两层网络模型的方法。

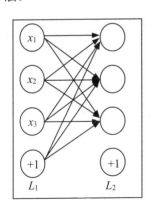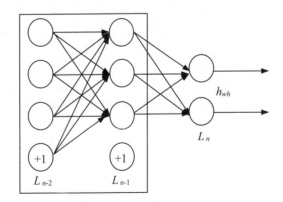

图 3-9　逐层训练

深度学习思想就是堆叠多个层，本层的输出作为下一层的输入。把学习结构看作一个网络，则深度学习的核心思路如下：①无监督学习用于每一层网络的 pre-train；②每次用无监督学习只训练一层，将其训练结果作为其高一层的输入；③用自顶而下的监督算法去调整所有层。

一、深度学习的模型和学习算法

不同的学习框架下建立的学习模型不同。例如，卷积神经网络（convolutional neural networks，CNNs）是一种深度的监督学习下的机器学习模型，而深度信念网络（deep belief nets，DBNs）是一种无监督学习下的机器学习模型，见图 3-10。

从一个输入中产生一个输出所涉及的计算可以通过一个流向图（flow graph）表示。流向图是一种能够表示计算的图，在这种图中每一个节点表示一个基本的计算及一个计算的值，计算的结果被应用到这个节点作为子节点的值。考虑这样一个计算集合，它可以被允许在每一个节点和可能的图结构中，并定义了一个函数族。输入节点没有父节点，输出节点没有子节点。

这种流向图的一个特别属性是深度（depth）即从一个输入到一个输出的最长路径的长度。

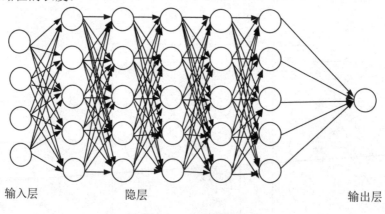

图 3-10　深度学习模型

（一）深度学习的训练过程

1.使用自底向上的非监督学习

分层训练各层参数是一个无监督训练过程。首先用无决策属性的数据训练第一层，训练时先学习第一层的参数（可以看作是得到一个使得输出和输入差别最小的神经网络的隐层），由于模型容量的限制及稀疏性约束，得到的模型能够学习到数据本身的结构，从而得到比输入更具有表示能力的特征；在学习得到第 $n-1$ 层后，将 $n-1$ 层的输出作为第 n 层的输入，训练第 n 层，由此分别得到各层的参数。

2.自顶向下的监督学习

就是通过带决策属性的数据去训练，误差自顶向下传输，对网络进行微调。

基于第一步得到的各层参数进一步调节整个多层模型的参数，这一步是一个有监督训练过程。第一步类似神经网络的随机初始化初值过程，由于深度学习的第一步不是随机初始化，而是通过学习输入数据的结构得到的，因而这个初值更接近全局最优，从而能够取得更好的效果。所以深度学习效果好很大程度上归功于第一步的无监督学习过程。

（二）深度学习的常用模型

1.自动编码器

自动编码器（Auto Encoder）是一种用于训练相邻两层网络模型的一种方法，是典型的无监督学习算法，其结构如图 3-11 所示。

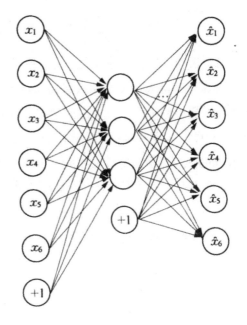

图 3-11　自动编码器的结构

图中，最左侧是输入层，中间是隐含层，最右边是输出层。对于输入 X，假设输入 $X=(x_1, x_2, \cdots, x_d)$，且 $x_i \in [0, 1]$，自编码器首先将输入 X 映射到一个隐含层，利用隐含层对其进行表示，$H=(h_1, h_2, \cdots, h_d)$，且 $h_i \in [0, 1]$，这个过程被称为编码（encode），隐含层的输出 H 的具体形式为：$H=\sigma(W_1 X + b_1)$。其中，σ 为一个非线性映射，如 Sigmoid 函数。

隐含层的输出 H 被称为隐含的变量，利用该隐含的变量重构 Z。这里输出层的输出 Z 与输入层的输入 X 具有相同的结构，这个过程被称为解码（decode）。输出层的输出 Z 的具体形式为：$Z=\sigma(W_2 H + b_2)$。

输出层的输出 Z 可以看成是利用特征 H 对原始数据 X 的预测。

从上述的过程中可以看出，解码的过程是编码过程的逆过程，对于解码过程中的权重矩阵 W_2 可以被看成是编码过程的逆过程，即 $W_2 = W_1 T$。

为了使重构后的 Z 和原始的数据 X 之间的重构误差最小，首先需要定义重构误差，定义重构误差的方法有很多种，如使用均方误差，$1=\|X-Z\|_2$。或者使用交叉熵作为其重构误差：

$$l = -\sum_{k=1}^{d} \left[X_k \log Z_k + (1 - X_k) \log(1 - Z_k) \right]$$

隐含层的设计有两种方式：①隐藏层神经元个数小于输入层神经元个数，称为 undercomplete。使得输入层到隐藏层的变化本质上是一种降维操作，网络试图以更小的维度去描述原始数据而尽量不损失数据信息，从而得到输入层的压缩表示。②隐藏层神经元个数大于输入层神经元个数，称为 overcomplete。该隐藏层设计一般用于稀疏编码器，可以获得稀疏的特征表示，也就是隐藏层中有大量的神经元取值为 0。

2.稀疏自动编码器

在自动编码器的基础上加上 L1 的限制(L1 主要是约束每一层中的节点大部分都要为 0，只有少数不为 0)，得到稀疏自动编码器法。

限制每次得到的表达编码尽量稀疏，因为稀疏的表达往往比其他的表达要有效。

3.降噪自动编码器

目前数据受到噪声影响时，可能会使获得的输入数据本身就不服从原始的分布。在这种情况下，利用自编码器得到的那个结果也将是不正确的，为了解决这种由于噪声产生的数据偏差问题，提出了 DAE 网络结构，在输入层、隐藏层之间添加了噪声处理，噪声处理后得到新的数据，然后按照这个新的噪声数据进行常规自编码器变换操作。

4.受限玻尔兹曼机（restricted boltzmann machine，RBM）

假设有一个二部图，每一层的节点之间没有链接，一层是可视层，即输入数据层（v），一层是隐藏层（h），如果假设所有的节点都是随机二值变量节点（只能取值为 0 或者 1），同时假设全概率分布 $p(v, h)$ 满足 Boltzmann 分布，这个模型称受限玻尔兹曼机（图 3-12）。

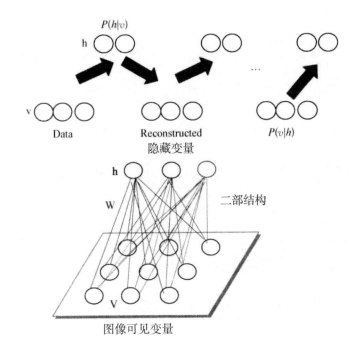

图 3-12　受限波尔兹曼机

这个模型是二部图，所以在已知 v 的情况下，所有的隐藏节点之间是条件独立的（因为节点之间不存在连接），即 $p(h|v)=p(h_1|v)\cdots p(h_n|v)$。同理，在已知隐藏层 h 的情况下，所有的可视节点都是条件独立的。同时又由于所有的 v 和 h 满足 Boltzmann 分布，因此当输入 v 的时候，通过 $p(h|v)$ 可以得到隐藏层 h，而得到隐藏层 h 之后，通过 $p(v|h)$ 又能得到可视层。

通过调整参数，从隐藏层得到的可视层 v_1 与原来的可视层 v 如果一样，那么得到的隐藏层就是可视层另外一种表达，因此隐藏层可以作为可视层输入数据的特征，它就是一种深度学习方法。

联合组态的能量表示为：

$$E(v,h;\theta)= -\sum_{ij} W_{ij}v_ih_j - \sum_i b_iv_i - \sum_j a_jh_j$$

$\theta=\{W, a, b\}$ model parameters 。

而某个组态的联合概率分布可以通过玻尔兹曼分布和这个组态的能量确定：

$$P_\theta(v, h)= \frac{1}{Z(\theta)}\exp\left(-E(v,h;\theta)\right) = \underbrace{\frac{1}{Z(\theta)}}_{\text{partionfunction}} \prod_{ij} \underbrace{\mathrm{e}^{W_{ij}v_ih_j}}_{\text{potentialfunctions}} \prod_i \mathrm{e}^{b_iv_i} \prod_j \mathrm{e}^{a_jh_j}$$

$$Z(\theta) = \sum_{h,v}\exp\left(-E(v,h;\theta)\right)$$

因为隐藏节点之间是条件独立的（节点之间不存在连接），即：

$$P(h\,|\,v)=\prod_j P(h_j\,|\,v)$$

然后可以比较容易（对上式进行因子分解 Factorizes）得到在给定可视层 v 的基础上，隐层第 j 个节点为 1 或者为 0 的概率：

$$P(h_j = 1\,|\,v)= \frac{1}{1 + \exp(-\sum_i W_{ij}v_i - a_j)}$$

同理，在给定隐层 h 的基础上，可视层第 i 个节点为 1 或者为 0 的概率也可以容易得到：

$$P(v\,|\,h)=\prod_i P(v_i\,|\,h)$$

$$P(v_i = 1 \mid h) = \frac{1}{1 + \exp(-\sum_j W_{ij} h_j - b_i)}$$

给定一个满足独立同分布的样本集：$D = \{v^{(1)},\ v^{(2)},\ \cdots,\ v^{(N)}\}$，需要学习参数 $\theta = \{W, a, b\}$。

对数似然函数（最大似然估计即对于某个概率模型，需要选择一个参数，让当前的观测样本的概率最大）最大化：

$$L(\theta) = \frac{1}{N} \sum_{n=1}^{N} \log P_\theta(v^{(n)}) - \frac{\lambda}{N} \| W \|_F^2$$

也就是对最大对数似然函数求导，就可以得到 L 最大时对应的参数 W 了。

$$\frac{\partial L(\theta)}{\partial W_{ij}} = E_{P_{data}} \left[v_i h_j \right] - E_{P_\theta} \left[v_i h_j \right] - \frac{2\lambda}{N} W_{ij}$$

如果把隐藏层的层数增加，可以得到深度玻尔兹曼机（DBM）；如果我们在靠近可视层的部分使用贝叶斯信念网络（即有向图模型，当然这里依然限制层中节点之间没有链接），而在最远离可视层的部分使用受限玻尔兹曼机，我们可以得到深度信念网络（DBN）。

5.卷积神经网络（convolutional neural network，CNN）

为了能够减少参数的个数，卷积神经网络中提出了四个重要的概念：①稀疏连接；②共享权值；③子采样；④池化。其中稀疏连接主要是通过对数据中局部区域进行建模，以发现局部的一些特性；共享权值的目的是简化计算的过程，使得需要优化的参数变少；子采样的目的是解决图像中的平移不变性即所要识别的内容与其在图像中的具体位置无关；池化是卷积神经网络中一个比较重要的概念，一般可以采用最大池化。在最大池化中将输入图像划分成为一系列不重叠的正方形区域，然后对于每一个子区域输出其中的最大值。

在卷积神经网络中最重要的是卷积层、下采样层和全连接层，这 3 层分别对应的卷积神经网络中最重要的 3 个操作——卷积操作、最大池化操作和全连接的 MLP 操作。

卷积神经网络是深度学习技术中极具代表性的网络结构，它的应用非常广泛，尤其是在计算机视觉领域取得了很大的成功。卷积神经网络相较于传统的图像处理算法的优点在于，一年来对图像复杂的前期预处理过程及大量的人工提取特征工作能够直接从原始像素出发，经过极少的预处理就能够识别出视觉上的规律，但受到当时环境的制约，计算机的计算能力跟不上，使得深度学习依赖的两大基础因素燃料和引擎都没有得到很好的满足。2006年起，在大数据和高性能计算平台的推动下，数学家们开始重新改造卷积神经网络，并设法克服难以训练的困难，其中最著名的是AlexNet，该网络结构在图像识别任务上取得了重大突破，并以创纪录的成绩夺得当年的ImageNet冠军。卷积神经网络的变种网络结构，还包括ZFNet、VGGNet、GoogleNet和ResNet 4种。从结构看，卷积神经网络发展的一个显著特点就是层数变得越来越深，结构也变得越来越复杂，通过增加深度，网络能够呈现出更深层、更抽象的特征。

传统的神经网络处理是一个全连接的网络，是在输入层接收原始数据，然后把数据传送到隐藏层，并不断向后抽象。但全连接的深度网络存在很多缺点，如梯度消失、局部最优解、可扩展性差等。卷积神经网络的设计做了相应的改进，并且避免了对输入数据复杂的预处理，实现了端到端的表示学习思想。卷积运算是定义在两个连续失值函数上的数学操作，卷积神经网络在进入全连接层之前已经经过了多个卷积层和池化层的处理。

卷积层：卷积神经网络的核心结构，通过局部感知和参数共享两个原理，实现了对高维输入数据的降维处理，并且能够自动提取原始数据的优秀特征。

激活层：它的作用与传统深度神经网络的激活层一样，把上一层的线性输出通过非线性的激活函数进行处理。

池化层：池化层也称为子采样层或下采样层，是卷积神经网络的另一个核心结构通过层。通过对输入数据的各个维度进行空间的采样，可以进一步降低数据规模，并且对输入数据具有局部线性转换的不变性，增强网络的泛化处理能力。

全连接层：全连接层等价于传统的多层感知机（multilayer perceptron，MLP），经过前面的卷积层和池化层的反复处理后，一方面输入数据的维度已经下降至可以直接采用前馈网络来处理；另一方面，全连接层的输入特征是经过反复提炼的结果，因此比直接采用原始数据作为输入所取得的效果更好。

卷积神经网络已成为当前语音分析和图像识别领域的研究热点。它的权值共享网络结构使之更类似于生物神经网络，降低了网络模型的复杂度，减少了权值的数量。在网络的输入是多维图像时表现得更为明显，使图像可以直接作为网络的输入，避免了传统识别算法中复杂的特征提取和数据重建过程。卷积神经网络是为识别二维形状而特殊设计的一个多层感知器，这种网络结构对平移、比例缩放、倾斜或者其他形式的变形具有高度不变性。

二、深度学习的应用

在国际上，IBM、Google、Facebook 和 Twitter 等公司都在进行深度学习的研究，而国内的阿里巴巴、科大讯飞、百度、中科院自动化研究所等机构，也纷纷投入人力和物力于深度学习的研究与开发当中。

（一）计算机视觉

计算机视觉中比较成功的深度学习的应用，包括人脸识别，图像问答，物体检测，物体跟踪。

（二）语音识别

微软首先将 RBM 和 DBN 引入到语音识别声学模型训练中，并且在大词汇量语音识别系统中获得巨大成功，使得语音识别的错误率相对降低 30%。但是，DNN 还没有有效地并行快速算法，很多研究机构都是在利用大规模数据语料通过 GPU 平台提高 DNN 声学模型的训练效率。

（三）自然语言处理

2013 年 Tomas Mikolov 等建立的 word2vector 模型，与传统的词袋模型（bag of words）相比，word2vector 能够更好地表达语法信息。深度学习在自然语言处理等领域还广泛应用于机器翻译及语义挖掘等方面。

（四）其他领域

深度学习在围棋机器人方面的研究，如谷歌的 AlphaGo 于 2016 年大战李世石，2017 年战胜柯洁。在智能控制、智能调度与指挥、工业自动化等方面的应用都有深度学习技术的研究。

深度学习正在潜移默化地改变着我们的生活方式，而背后支撑深度学习的 GPU 计算也正变得越来越普及。

第三节　遗传算法

遗传算法（genetic algorithm，GA）是一类模拟进化计算（simulated evolution computation）技术。模拟进化计算技术是模拟自然界生物进化过程与机制求解优化与搜索问题的一类自组织、自适应的人工智能技术。

一、遗传算法的概念

遗传算法是由美国密执安大学的 Holland 教授（1969 年）提出，后经由 DeJong（1975 年），Goldberg（1989 年）等归纳总结所形成的一类模拟进化算法。其具有简单通用、鲁棒性强、适合于并行处理及应用范围广等特点，是 21 世纪一种关键的智能计算方法。

生物的进化是一个优化过程，它通过选择淘汰，突然变异，基因遗传等规律产生适应环境变化的优良物种。

遗传算法的最基本思想基于达尔文进化论和孟德尔的遗传学说。达尔文进化论最重要的是适者生存原理。它认为每一物种在发展中越来越适应环境，物种每个个体的基本特征由后代所继承，但后代又会产生一些异于父代的新变化，在环境变化时，只有那些能适应环境的个体特征能保留下来。

孟德尔遗传学说最重要的是基因遗传原理。它认为遗传以密码方式存在细胞中，并以基因形式包含在染色体内。每个基因有特殊的位置并控制某种特殊性质，所以每个基因产生的个体对环境具有某种适应性。基因突变和基因杂交可产生更适应于环境的后代，经过优胜劣汰，适应性高的基因结构得以保存下来。

遗传算法以生物细胞中的染色体作为生物个体，认为每一代同时存在许多不同染色体。用适应性函数表征染色体的适应性，染色体的保留与淘汰取决于它们对环境的适应能力，优胜劣汰。适应性函数是整个遗传算法极为关键的一部分，其构成与目标函数密切相关，往往是目标函数的变种，由 3 个算子组合构成：繁殖（选择）、交叉（重组）、变异（突变）。这种算法可起到产生优化后代的作用，这些后代需满足适应值，经若干代遗传，可以得到满足要求的解（问题的解）。遗传算法已在优化计算和分类机器学习等方面发挥了显著作用。

（一）繁殖（选择）算子（selection operator）又称复制（reproduction）算子

选择指的是模拟自然选择的操作，从种群中选择生命力强的染色体，产生新的种群的过程。选择的依据是每个染色体的适应值的大小，适应值越大，被选中的概率就越大，其子孙在下一代产生的个数就越多。根据不同的问题，选择的方法可采用不同的方案。最常见的方法有比率法、排列法和比率排列法。

（二）交叉（重组）算子（crossover operator）又称配对（breeding）算子

模拟有性繁殖的基因重组操作，当许多染色体相同或后代的染色体与上一代没有多大差别时，可通过染色体重组来产生新一代染色体。染色体重组分为两个步骤进行：首先，在新复制的群体中随机选取两个染色体，每个染色体由多个位（基因）组成；然后，沿着这两个染色体基因的一定概率（称为交叉概率），取一个位置，两者互换从该位置起的末尾部分基因。例如，有两个用二进制编码的个体 A 和 B，长度 $L=6$，$A=a_1a_2a_3a_4a_5a_6$；$B=b_1b_2b_3b_4b_5b_6$。根据交叉概率选择整数 $k=4$，经交叉后变为：$A'=a_1a_2a_3b_4b_5b_6$；$B'=b_1b_2b_3a_4a_5a_6$。遗传算法的有效性主要来自选择和交叉操作，尤其是交叉，在遗传算法中起着核心作用。

（三）变异（突变）算子（mutation operator）

选择和交叉算子基本上完成了遗传算法的大部分搜索功能，而变异则增加了遗传算法找到接近最优解的能力。变异就是以很小的概率，随机改变字符串某个位置上的值。在二进制编码中，就是将 0 变成 1，将 1 变成 0。变异发生的概率极低（一般取值在 0.001~0.01 之间）。它本身是一种随机搜索，但与选择、交叉算子结合在一起，就能避免由复制和交叉算子引起的某些信息的永久性丢失，从而保证了遗传算法的有效性。

二、基本遗传算法

（一）基本运算过程

依标准形式，它使用二进制遗传编码，即等位基因 $r=\{0, 1\}$，个体空间 $HL=\{0, 1\}L$，且繁殖分为交叉与变异两个独立的步骤进行。遗传算法的基本运算过程如下。

步骤 1（初始化）：确定种群规模 N，交叉概率 Pc，变异概率 Pm 和至终止进化准则；随机生成 N 个个体作为初始种群 $\vec{X}$（0）；置 $t \leftarrow 0$。

步骤 2（个体评价）：计算或估价 $\vec{X}$（t）中各个体的适应度。

步骤 3（种群进化）：

1.选择（母体）

从 $\vec{X}$（t）中运用选择算子选择出 $M/2$ 对母体（$M \geqslant N$）。

2.交叉

对所选择的 $M/2$ 对母体，依概率 Pc 执行交叉，形成 M 个中间个体。

3.变异

对 M 个中间个体分别独立依概率 Pm 执行变异，形成 M 个候选个体。

4.选择（子代）

从上述所形成的 M 个候选个体中依适应度选择出 N 个个体组成新一代种

群 $\vec{X}$（$t+1$）。

步骤 4（终止检验）：如已满足终止准则，则输出 $\vec{X}$（$t+1$）中具有最大适应度的个体作为最优解，终止计算，否则置 $t \leftarrow t+1$ 并转步骤 3。

此算法为最基本的遗传算法思想，对它还有各种推广与变形。

简单地说，遗传算法的基本步骤就是对一个种群中的染色体，重复地做繁殖、交叉、变异操作；计算适应度；并按适应度进行选择，直至达到目标。

（二）工作步骤

对实际问题实施遗传算法通常需要如下步骤：

第 1 步，对实际问题进行编码，随机建立由字符串组成的初始群体。

第 2 步，计算群体中各个体的适应度。

第 3 步，根据交叉、变异概率，进行以下操作产生新的群体。①繁殖。通过计算选择出优良个体复制后加入新的群体中，删除不良个体；②交叉。根据交叉概率选择出两个个体进行交换，所产生的新个体加入新的群体中；③变异。根据变异概率，改变某一个体的某个字符后，所产生的新个体加入新的群体中；④反复执行第 2 步、第 3 步，一旦达到终止条件，选择最佳个体作为实施遗传算法的结果，即得到最优解。

对于算法何时停止，终止条件有如下设定方法。①规定遗传迭代的次数，如 100 次或 1 000 次，根据情况选择；②根据目标函数值和实际目标值之差小于某一允许值，则停止；③一旦最优个体的适应度不再变化或变化很小时，算法终止。

在用遗传算法实际解决问题时，以下问题是非常关键的：种群规模的确定、编码的方式选择和长度的设定、适应度函数的选择与计算、繁殖、交叉、变异算子等参数的选择。对这些问题我们还可进一步进行深入讨论与研究，合适参数的选定，将对整个算法起到优化作用。现有的一些方法已有广泛的使用，可参考相关文献，在此不再详述。

下面用一个简单的例子来说明遗传算法思想及一般处理过程。

例：设函数 $f(x) = x^2$，求其在区间 $x \in [0, 31]$ 内的最大值。

1.编码

用字符串（相当于染色体）编码。用 5 位二进制对 x 进行编码。

初始群体采用随机的方法产生，假设为 01101、11000、01000、10011，对应的 x 为 13、24、8、19。

2.计算适应度

在本例中，用 $f(x_i)$ 表示第 i 个染色体的适应度值，$f(x_i)=x_i^2$，对每个染色体计算出适应度。

同时，作如下符号约定，并进行相应计算：

（1）x_i 为种群中第 i 个染色体；

（2）$f(x_i)$ 为第 i 个染色体的适应度值，$f(x_i)=x_i^2$；

（3）$\sum f(x_i)$ 为种群中所有染色体的适应度值之和；

（4）$f(x_i)/\sum f(x_i)$ 为某染色体被选的概率；

（5）$\overline{f}$ 为适应度的平均值，由 $\sum f(x_i)$ 除以种群个数得出；

（6）$f(x_i)/\overline{f}$ 为每个个体的相对适应度，反映个体之间的相对优劣性；

（7）Mp 表示传递给下一代的个体数目（复制的个体 $Mp=2$，淘汰的个体 $Mp=0$，其他的个体 $Mp=1$）。

通过计算得到：个体编号为 2 的个体适应度 $f(x_i)$ 为 576，在所有个体中最高，并且被选的概率 $f(x_i)/\sum f(x_i)$ 最高，为 0.49，其相对适应度 $f(x_i)/\overline{f}$ 为 1.97，也是最高的一个，在所有个体中是优良个体。而个体编号为 3 的个体相对适应度 $f(x_i)/\overline{f}$ 为 0.22，为不良个体。

3.繁殖

将现有群体变为下一代群体的方法是从旧群体中选择优良个体进行复制。在本例中我们根据个体相对适应度 $f(x_i)/\overline{f}$ 作为复制的依据，适应度大的个体接受复制，使之繁殖；适应度小的个体则淘汰，进行删除，使之死亡。

根据计算我们得到，个体编号为 2 的个体性能最优，接受复制，进行繁殖；个体编号为 3 的个体性能最差，将其删除，使之死亡；个体编号为 1、4 的个体处于中间地位，原样传递到下一代。

用 Mp 表示了传递给下一代的个体数目，则个体编号为 2 的个体 $Mp=2$，个体编号为 3 的个体 $Mp=0$，其他的个体 $Mp=1$。

表 3-1 给出了初始种群和相应的参数值。

表 3-1 第 0 代种群

个体编号	初始群体	x_i	适应度 $f(x_i)$	$f(x_i)/\sum f(x_i)$	$f(x_i)/\bar{f}$	Mp
1	01101	13	169	0.14	0.58	1
2	11000	24	576	0.49	1.97	2
3	01000	8	64	0.06	0.22	0
4	10011	19	361	0.31	1.23	1
总计 $\sum f(x_i)$			1170	1.00	4.00	4
平均值 $\bar{f}$			293	0.25	1.00	1
最大值			576	0.49	1.97	2
最小值			64	0.06	0.22	0

经过以上步骤，产生了下一代新的群体（第 1 代种群）：01101、11000、**11000**、10011，对应的 x 为 13、24、24、19。其中，第 3 个个体是由第 2 个个体复制得来，原来的第 3 个个体已经被淘汰。对它们以同样的方法计算适应度（表 3-2）。

表 3-2 第 1 代种群

个体编号	复制后群体	x_i	复制后适应度 $f(x_i)$	交换对象	交换位置	交换后群体	交换后适应度 $f(x_i)$
1	01101	13	169	2	4	01100	144
2	11000	24	576	1	4	11001	625
3	11000	24	576	4	3	11011	729
4	10011	19	361	3	3	10000	256
总计 $\sum f(x_i)$			1682	—	—	—	1754
平均值 $\bar{f}$			421	—	—	—	439
最大值			576	—	—	—	729
最小值			361	—	—	—	256

4.交叉

通过复制产生的新群体，其性能得到了改善，但是它不能产生新的个体。为了产生新个体，对染色体的某些部分进行交叉换位。进行交换的母体都选自经过复制产生的新一代个体。

在本例中，利用随机配对的方法，选定个体编号1、2的进行交换，个体编号3、4的进行交换。在表3-2交换对象列给出。

交换的位置采用随机定位的方法，确定个体编号1、2的进行交换的位置是4，即互换从字符串左数第4位开始起到末尾的部分字符串。（在表3-2交换位置列给出）。交换前的群体为01101、11000，字符串左数第4位开始的字符串以划线作为标识，即两个个体交换画线部分字符串，得到交换后的群体为01100、11001。

个体编号3、4的进行交换的位置是3，即互换从字符串左数第3位开始起到末尾的部分字符串。交换前的群体为11000、10011，得到交换后的群体为11011、10000。

计算出交换后的个体适应度$f(x_i)$（表3-2最后列）。

从表3-2可以看出，个体编号为3的个体，在交换后适应度为729，大大高于交换前的适应度526。同时，交换后平均值也由421提高到439，这就说明了交换后的群体朝着优良方向发展。

5.变异

根据变异概率将个体字符串某位符号进行逆变：1变为0或0变为1。

个体是否进行变异及在哪个部位变异，由事先给定的概率决定，也可随机进行。通常，变异的概率很小，约为0.001~0.10。

在此例中，随机选择个体编号为4的个体，对第3位进行变异，原个体为10000，新个体为10010。

将上述（2）~（5）反复执行，直至得到最优解。

三、遗传算法应用

（一）遗传算法的特点

根据遗传算法原理及实例的描述，我们了解到如下一些优点。

（1）遗传算法从种群开始搜索，有利于全局择优。而传统优化算法是从单个初始值开始迭代求最优解，可能导致局部最优解。

（2）遗传算法求解时使用特定问题的信息极少，容易形成通用算法程序。

（3）遗传算法有极强的容错能力。遗传算法的初始群体通过选择、交叉、变异操作能迅速排除与最优解相差极大的个体。

（4）遗传算法中的选择、交叉和变异都是随机操作，而不是精确规则。遗传算法中的 3 个重要操作分别是选择使得算法向最优解逼近；交叉产生了新个体，促进了最优解的产生；变异体现了全局最优解的覆盖。

（5）遗传算法具有隐含的并行性。然而遗传算法也存在以下主要缺点：不能描述层次化的问题、不能描述计算机程序、缺少动态可变性。

（二）遗传算法的应用

遗传算法已在优化计算和分类机器学习等方面发挥了显著作用。在以下领域有成功的应用：优化问题、模式识别、神经网络、图像处理、机器学习、生产调度问题、自动控制、反问题求解、机器人学、生物计算、人工生命、程序自动化等。遗传算法在应用方面取得了丰硕成果。

对遗传算法进行改进和研究有如下几方面。

1.基础理论的研究

进一步发展遗传算法的数学基础，从理论和试验研究它们的计算复杂性。主要是对搜索机理、收敛性、收敛速度、复杂性、有效性、能解性等基本理论问题的探索和研究。

2.算法设计方面的研究

为了扩大遗传算法的可应用领域，并使之更为有效，主要从更宏观、更本质的角度模拟自然进化原理与机制，模拟生物智能的生成过程，并用以求解问题，进而融合数学、生物、计算机技术等各领域的原理与技巧，使所设计出来的算法更有效。

3.基于遗传算法的分类系统

遗传算法在机器学习中的应用之一是分类系统，已被人们越来越多地应用在科学、工程和经济领域中，是目前遗传算法研究中一个十分活跃的领域。

4.遗传算法与神经网络相结合

遗传神经网络包括连接权、网络结构和学习规则的进化，已得到一些成功的应用。

5.进化算法

遗传算法是进化算法的 3 种典型算法之一。遗传算法作为一种非确定性的拟自然算法，为复杂系统的优化提供了一种新的方法，并且经过实践证明效果显著，尽管遗传算法在很多领域具有广泛的应用价值，但它仍存在一些问题，各国学者一直在探索着对遗传算法的改进，以使遗传算法在未来有更广泛的应用领域。

第四节　粗糙集方法

粗糙集理论的主要思想是利用已知的知识或信息来近似不精确的概念或现象，能从不完全、不确定的事例中获取可信度较高的规则支持决策。

一、粗糙集的基本概念

粗糙集（rough set）理论是由波兰华沙理工大学 Z. Pawlak 教授于 20 世纪 80 年代初提出的一种研究不完整、不确定知识和数据的表达、学习、归纳的理论方法，其主要思想是在保持分类能力不变的前提下，通过知识简约，导出问题的决策或分类规则。目前，粗糙集理论已经在机器学习、决策分析、过程控制、模式识别与数据挖掘等方面得到了成功的应用。

粗糙集理论具有一些独特的观点。这些观点使得粗糙集特别适合于进行数据分析：①知识的粒度性。粗糙集理论认为知识的粒度性是造成使用已有知识不能精确地表示某些概念的原因。通过引入不可区分关系作为粗糙集理论的基础，并在此基础上定义了上下近似等概念，粗糙集理论能够有效地逼近这些概念。②新型成员关系。和模糊集合需要指定成员隶属度不同，粗糙集的成员是客观计算的，只和已知数据有关，从而避免了主观因素的影响。

采用粗糙集理论作为研究知识发现的工具具有许多优点。粗糙集理论将知识定义为不可区分关系的一个族集，这使得知识具有了一种清晰的数学意义，并可使用数学方法进行处理。粗糙集理论能够分析隐藏在数据中的事实而不需要关于数据的任何附加信息。

在信息系统中，对象由一组属性集表示。如果某些对象在考虑的属性集上取值完全相同，则这些对象在这一组属性上不能相互区分。不可区分关系的概念是粗糙集理论的基石，它揭示出论域知识的颗粒状结构。

定义 1：一个信息系统是一个序对 $S=（U，A）$。

①U 是对象的非空有限集合。

②A 是属性的非空有限集合。

③对于每一个 $a \in A$，有一个映射 a，$a: U \rightarrow V_a$，这里 V_a 称为 a 的值集。

决策表可以根据信息系统定义如下。

定义 2：设 $S=（U，A）$ 是一个信息系统，$A=C \cup D$，$C \cup D=\phi$，C 称为条件属性集，D 称为决策属性集。具有条件属性和决策属性的信息系统称为决策表。

表 3-3 表示一个决策表的例子，其中 $U=\{1，2，3，4\}$，$A=\{A，B，C，D\}$，其中 D 为决策属性。

表 3-3 一个决策表的例子

	A	B	C	D
1	a_1	b_1	c_1	d_1
2	a_1	b_2	c_1	d_1
3	a_2	b_1	c_2	d_2
4	a_3	b_3	c_1	d_2

定义 3：每一个属性子集 $P \subseteq A$ 决定了一个二元不可区分关系 $IND（P）$：

$$IND（P）=\{（x,y）\in U\times U：\forall a\in P,a（x）=a（y）\}$$

$$IND（P）=\{（x,y）\in U\times U：\forall a\in P,a（x）=a（y）\}$$

显然，$IND（P）$是集合 U 上的一个等价关系，且

$$IND(P)=\bigcap_{a\in P}IND(\{a\})$$

如果 $(x,y)\in IND（P）$，则称 x 和 y 是 P 不可区分的。

关系 $IND（P）$，$P\subseteq A$，决定了 U 的一个划分，我们用 $U/IND（P）$ 来表示。$U/IND（P）$ 中的任何元素称为一个等价类或信息粒度，用 $[x]_{IND（P）}$ 表示包含元素 x 的关系 $IND（P）$ 的等价类。

对任意一个概念（或集合）X，当集合 X 能表示成基本等价类组成的并集时，称集合 X 是可以精确定义的；否则，集合 X 只能通过近似的方法来定义。

定义4：集合 X 关于 P 的下近似定义为

$$\underline{P}X=\cup\{E\in U/IND（P）,E\subseteq X\}$$

$\underline{P}X$ 实际上是由那些根据已有知识判断肯定属于 X 的对象所组成的最大集合，也称为 X 的正区域，记作 $POS_P（X）$。

定义5：集合 X 关于 P 的上近似定义为：

$$\overline{P}X=\cup\{E\in U/IND（P）,E\cap X\neq\phi\}$$

$\overline{P}X$ 是由那些根据已有知识判断可能属于 X 的对象所组成的最小集合。

定义6：集合 X 关于 P 的边界区域定义为：

$$BN_P（X）=\overline{P}X-\underline{P}X$$

如果 $BN_P（X）=\phi$，则称 X 关于 P 是清晰的；反之，如果 $BN_P（X）\neq\phi$，则称 X 为关于 P 的粗糙集（图3-13）。

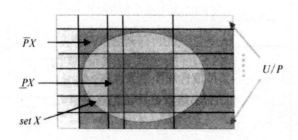

图3-13　粗糙集概念的示意图

定义 7：由那些根据已有知识判断肯定不属于 X 的对象所组成的集合，也称为 X 的负区域，记作 NEG_P（X）。

显然，$\overline{P}X \cup NEG_P$（X）$=U$。

在粗糙集理论中，集合的不精确性是由于边界区域的存在而引起的。集合的边界区域越大，其精确性则越低。

粗糙集理论提供了一整套比较成熟的在样本数据集中寻找和发现数据属性之间关系的方法。近年来，粗糙集理论在机器学习、决策分析、过程控制、模式识别与数据挖掘等方面已得到成功应用。

粗糙集理论的核心内容是属性重要性的度量和属性简约。属性重要性的度量可以分析数据中不同因素的重要程度，过去一般用专家知识对重要性高的属性赋予较大的权重，这必须依赖人的先验知识。而采用粗糙集理论的方法进行度量，可以不需要人为的先验因素，而是直接从论域中的样例发现各个属性的重要性的大小。因此基于粗糙集理论提取出的规则集，能更好地描述从有限样本中反映出来的属性之间关系的本质特征。

二、粗糙集对缺失数据的补齐方法

对不完备信息的研究主要考虑 3 种关系：容差关系（tolerance relation）、非对称相似关系（non symmetric similarity relation）和量化容差关系（valued tolerance relation）。

设 S=（U，A）是一个信息系统，其中 U 是对象的非空有限集合，A 是属性的非空有限集合。对于每一个 $a \in A$，用 V_a 表示属性 a 的值集。

每一个属性子集 $P \subseteq A$ 决定了一个二元不可区分关系 IND（P）：

$$IND（P）=\{（x，y）\in U \times U：\forall a=P，a（x）=a（y）\}$$

显然，IND（P）是集合 U 上的一个等价关系。

如果对于至少一个属性 $a \in A$，V_a 包括空值，则称 S 是一个不完备信息系统，否则它是完备的。

一个信息系统中的数据基本反映了它所涉及的问题（或领域）的基本特征，尽管系统中可能存在遗失的数据。不完备信息系统中的遗失数据值的填补，应该尽可能反映此信息系统所反映的基本特征及隐含的内在规律。填补的目标是使具有遗失值的对象与信息系统的其他相似对象的属性值尽可能保持一致，使属性值之间的差异尽可能保持最小。

利用可辨识矩阵作为算法的基础。

（一）可辨识矩阵

可辨识矩阵（也称分明矩阵）是由安德烈·斯科龙（Andrzej Skowron）教授提出的。

定义 8：令决策表系统为 $S=<U, A, V, f>$，$R=P\cup D$ 是属性集合，子集 $P=\{a_i|\ i=1,\cdots,n\}$ 和 $D=\{d\}$ 分别称为条件属性和决策属性集，$U=\{x_1,x_2,\cdots,x_n\}$ 是论域，$a_i(x_j)$ 是样本 x_j 在属性 a_i 上的取值。$C_D(i,j)$ 表示可辨识矩阵中第 i 行 j 列的元素，则可辨识矩阵 C_D 定义为：

$$C_D(i,\ j)=\begin{cases}\{a_k|\ a_k\in P\wedge a_k(x_i)\neq a_k(x_j)\}, & d(x_i)\neq d(x_j)\\ 0, & d(x_i)=d(x_j)\end{cases}$$

其中，$i,\ j=1,\cdots,n$。

根据可辨识矩阵的定义可知，当两个样本（实例）的决策属性取值相同时，它们所对应的可辨识矩阵元素的取值为 0；当两个样本的决策属性不同且可以通过某些条件属性的取值不同加以区分时，它们所对应的可辨识矩阵元素的取值为这两个样本的条件属性集合，即可以区分这两个样本的条件属性集合；当两个样本发生冲突时，即所有的条件属性取值相同而决策属性的取值不同时，则它们所对应的可辨识矩阵中的元素取值为空集。显然，可辨识矩阵元素中是否包含空集元素可以作为判定决策表系统中是否包含不一致（冲突）信息的依据。

定义 9：令信息系统为 $S=<U, A, V, f>$，$A=\{a_i|\ i=1,\cdots,m\}$ 是属性集，$U=\{x_1, x_2, \cdots, x_n\}$ 是论域，$a_i(x_j)$ 是样本 x_j 在属性 a_i 上的取值。$M(i,j)$ 表示经过扩充的可辨识矩阵中第 i 行 j 列的元素，则经过扩充的可辨识矩阵 M 定义为：

$M(i,\ j)=\{a_k|\ a_k\in A\wedge a_k(x_i)\neq a_k(x_j)\wedge a_k(x_i)\neq^* \wedge a_k(x_j)\neq^*\}$，

其中，i，$j=1$，$\cdots$，n；*表示遗失值。

定义 10：令信息系统为 $S=<U,A,V,f>$，$A=\{a_i\,|\,i=1,\cdots,m\}$ 是属性集，设 $x_i\in U$，则对象遗失属性集 MAS_i、对象 x_i 的无差别对象集 NS_i 和信息系统 S 的遗失对象集 MOS 分别定义为：

$$MAS_i=\{\,a_k\,|\,a_k\,(x_i)=^*,\ k=1,\cdots m\},$$

$$NS_i=\{\,j\,|\,M\,(i,j)=\varphi,\ i\neq j,\ j=1,\cdots n\},$$

$$MOS=\{\,j\,|\,MAS_i\neq\varphi,\ i=1\cdots n\}。$$

设初始信息系统为 S^0，对象集为 $\{x_i^0\}$，相应的扩充可辨识矩阵为 $\boldsymbol{M}^0$，x_i 的遗失属性集为 MAS_i^0，无差别对象集为 NS_i^0；第 r 次完整化分析后的信息系统为 S^r，对象集为 $\{xi^r\}$，相应的扩充可辨识矩阵为 M^r，x_i 的遗失属性集为 MAS_i^r，无差别对象集为 NS_i^r。

定理 1：设 $\boldsymbol{M}^{r+1}=\{\boldsymbol{M}^{r+1}\,(i,j)\}_{n\times n}$，$r=0,1,2,\cdots$，则 $M^{r+1}\,(i,j)$ 计算如下：

①如果 $MAS_i^r\cup MAS_j^r=\phi$，则 $\boldsymbol{M}^{r+1}\,(i,j)=\boldsymbol{M}^r\,(i,j)$；

②否则，设 $k\in MAS_i^r\cup MAS_j^r$，有：

$$M^{r+1}(i,j)=\begin{cases} M^r(i,j)\cup\{k\}, & ((a_k(x_i^{r+1})\neq^*)\wedge a_k(x_j^{r+1})\neq^*\wedge(a_k(x_i^{r+1})\neq a_k(x_j^{r+1}))\,; \\ M^r(i,j), & \end{cases}$$

由此定理，当计算好初始的扩充可辨识矩阵后，在计算新的信息系统所对应的扩充可辨识矩阵时，不必重新计算，而只需计算上次可辨识矩阵中由于遗失值的填补而引起的局部元素值的修改，从而大大简化了计算复杂性。

（二）基于 Rough 集理论的不完备数据分析方法（ROUSTIDA）

输入：不完备信息系统 $S^0=<U^0,A,V,f^0>$；

输出：完备的信息系统 $S^r=<U^r,A,V,f^r>$；

步骤 1：计算初始可辨识矩阵 $\boldsymbol{M}^0$，MAS_i^0 和 MOS^0；令 $r=0$；

步骤 2：

①对于所有 $i\in MOS^r$，计算 NS_i^r；

②产生 S^{r+1}

对于 $i\notin MOS^r$ 有 $a_k(x_i^{r+1})=a_k(x_i^r)$，$k=1,2,\cdots,m$；

对于所有 $i \in MOS^r$，对所有 $k \in MAS_i^r$ 作循环：

①如果 $|NS_i^r|=1$，设 $j \in NS_i^r$，若 $a_k(x_j^r)=^*$，则 $a_k(x_i^{r+1})=^*$；否则 $a_k(x_i^{r+1})=a_k(x_j^r)$

②否则，

（i）如存在 j_0 和 $j_1 \in NS_i^r$，满足

$(a_k(x_{j0}^r) \neq^*) \bigwedge (a_k(x_{j1}^r) \neq^*) \bigwedge (a_k(x_{j1}^r) \neq a_k(x_{j0}^r))$ 则 $a_k(x_i^{r+1})=^*$；

（ii）否则，如果存在 $j_0 \in NS_i^r$，满足（$a_k(x_{j0}^r) \neq^*$），则 $a_k(x_i^{r+1})=a_k(x_{j0}^r)$；

（iii）否则，$a_k(x_i^{r+1})=^*$；

如果 $S^{r+1}=S^r$，结束循环转步骤 3。

否则，计算 M^{r+1}，MAS_i^{r+1} 和 MOS^{r+1}；$r=r+1$；转步骤 2。

步骤 3：如果信息系统还有遗失值，可用取属性值中平均值（数字型）或出现频率最高的值（符号型）的方法处理（当然，也可用其他方法）；

步骤 4：结束。

第五节　模糊计算技术

1965 年，美国加州大学伯克莱分校 L. Zadeh 教授发表了著名的论文"Fuzzy Sets"（模糊集），开创了模糊理论。其基本思想是：经典集合理论中，元素隶属于某一个集合的划分是确定的，即要么属于某个集合、要么不属于这个集合。模糊集合理论对元素和集合之间的关系提出了新的定义，即在元素和集合之间的关系除了前两种划分之外，还存在另外一种关系，在某种程度上属于此集合。属于此集合的数值程度称为隶属度，数值的取值范围为[0，1]。

利用模糊属性模型对信息进行描述，对对象及对象的上下近似空间进行模糊表示。主要应用在自动控制、模式识别和决策推理系统、预测、智能系统设计、智能机器人、图像处理与识别等领域。

一、模糊集合

在不同程度上具有某种特定属性的所有元素的总和称为模糊集合。模糊集合的基本思想就是把经典集合中的隶属关系加以扩充，将元素对"集合"的隶属程度由只能取 0 和 1 这两个值推广到取单位闭区间[0,1]上的任意数值，从而实现定量地刻画模糊对象。

隶属函数用 $\mu_A(x)$ 表示，其中 A 表示模糊集合，隶属函数满足条件：

$$0 \leqslant \mu_A(x) \leqslant 1$$

二、模糊集合的表示方法

定义 1：设 U 是论域，$\mu_A(u)$ 是把任意 $u \in U$ 映射到区间[0, 1]上某个值的函数，即：

$$\mu_A: \ U \to [0, \ 1]$$
$$u \to \mu_A(u)$$

则称 μ_A 为定义在 U 上的隶属函数，由 $\mu_A(u)$ （$u \in U$）所构成的集合 A 称为 U 上的一个模糊集，μ_A 表示 u 属于模糊子集 A 的隶属度。

模糊集合 A 是个抽象的概念，其元素是不确定的，只能通过隶属函数 μ_A 认识和掌握 A，$\mu_A(u)$ 的值越接近 1，表示 u 隶属于 A 的程度越高，$\mu_A(u)$ 的值越接近 0，表示 u 隶属于 A 的程度越低。

（一）Zadeh 表示法

若给定有限论域 U，且 $U=\{u_1, u_2, \cdots, u_n\}$，用 $A(u)$ 代替 $\mu_A(u)$，则 U 上的模糊集合 A 可表示为：

$$A = \sum_{i=1}^{n} \frac{A(u_i)}{u_i} = \frac{A(u_1)}{u_1} + \frac{A(u_2)}{u_2} + \cdots + \frac{A(u_n)}{u_n}$$

其中+是集合项的累积分隔符，分母表示论域 U 中的元素，分子表示该元素相应的隶属度。隶属度为 0 的项可以不列出。

（二）序偶表示法

如考虑论域 $U=\{1, 2, 3, \cdots, 10\}$ 上"大""小"两个模糊概念，并分别用模糊集合 A、B 表示如下：

A={（4, 0.2），（5, 0.4），（6, 0.5），（7, 0.7），（8, 0.9），（9, 1），（10, 1）}
B={（1, 1），（2, 0.9），（3, 0.6），（4, 0.4），（5, 0.2），（6, 0.1）}

（三）向量表示法

$$A=（A（u_1），A（u_2），\cdots，A（u_n））$$

将以上"大""小"两个模糊集合用向量表示如下：

$$A=（0, 0, 0, 0.2, 0.4, 0.5, 0.7, 0.9, 1, 1）$$
$$B=（1, 0.9, 0.6, 0.4, 0.2, 0.1, 0, 0, 0, 0）$$

三、模糊集合的运算

定义 2：设 U 为论域，A 和 B 是 U 上的两个模糊集合，则有以下运算：

（一）包含运算

如果对任意 $u \in U$，都有 $A（u） \leqslant B（u）$，则称 A 包含于 B，或称 B 包含 A，记为 $A \subseteq B$，即：

$$A \subseteq B \Leftrightarrow A（u） \leqslant B（u） \qquad \forall u \in U$$

（二）相等

如果 $A \subseteq B$ 且 $B \subseteq A$，则称 A 与 B 相等，记为 $A=B$，即：

$$A=B \Leftrightarrow A（u）=B（u）， \qquad \forall u \in U$$

（三）并运算

A 与 B 的并记作 $A \cup B$，其隶属函数为：

$$A \cup B：（A \cup B）（u）=A（u） \vee B（u）=\max\{A（u），B（u）\}$$

其中∨表示取上确界。

（四）交运算

A 与 B 的交记作 $A \cap B$，其隶属函数为：

$A \cap B$：$(A \cap B) (u) = A (u) \wedge B (u) = \min\{A (u)，B (u)\}$

其中∧表示取下确界。

（五）补运算

A 的补模糊集合记作 A'，其隶属函数为

$$A'：A' (u) = 1 - A (u)$$

模糊集运算的基本定律：

（1）幂等律　　$A \cup A = A，A \cap A = A$。

（2）交换律　　$A \cup B = B \cup A，A \cap B = B \cap A$。

（3）结合律　　$A \cup (B \cup C) = (A \cup B) \cup C$；

　　　　　　　　$A \cap (B \cap C) = (A \cap B) \cap C$。

（4）分配律　　$A \cup (B \cap C) = (A \cup B) \cap (A \cup C)$；

　　　　　　　　$A \cap (B \cup C) = (A \cap B) \cup (A \cap C)$。

（5）同一律　　$A \cap U = A，A \cup \phi = A$。

（6）吸收律　　$A \cap (A \cup B) = A，A \cup (A \cap B) = A$。

（7）德·摩根定律　$(A \cap B)' = A' \cup B'$

　　（对偶律）　　$(A \cup B)' = A' \cap B'$。

（8）互补律　　$A' \cup A = U，A' \cap A = \phi$。

四、隶属函数

在模糊集合研究中的一个根本问题是如何决定一个明确的隶属函数，隶属函数没有固定的建立方法，通常由感觉、以往的经验、统计归纳、推理等方法决定，有 6 种比较普遍使用的隶属函数。

（1）线性隶属函数：$\mu_{\tilde{A}}(x) = 1 - kx$。

（2）Γ 隶属函数：$\mu_{\tilde{A}}(x) = e^{-kx}$。

（3）凹（凸）形隶属函数：$\mu_{\tilde{A}}(x) = 1 - ax^k$。

（4）柯西隶属函数：$\mu_{\tilde{A}}(x) = 1/(1+kx^2)$。

（5）岭形隶属函数：$\mu_{\tilde{A}}(x) = 1/2 - (1/2)\sin\{[\pi/(b-a)][x-(b-a)/2]\}$。

（6）正态（钟形）隶属函数：$\mu_{\tilde{A}}(x) = \exp[-(x-a)^2/2b^2]$。

五、模糊模式识别

（一）最大隶属原则

定义 3：设论域 U 上 n 个模糊集 A_i（$i=1$，2，$\cdots$，n）为 n 个标准模式，任取 $u_0 \in U$，若存在 $i \in \{1, 2, \cdots, n\}$，使得

$$A_i(u_0) = \bigvee_{j=1}^{n} A_j(u_0)$$

则称 u_0 相对地属于 A_i

（二）择近原则

定义 4：设论域 U 上 n 个模糊集 A_i（$i=1$，2，$\cdots$，n）为 n 个标准模式，有 U 上的模糊集 B 为待识别对象，若存在 $i \in \{i=1, 2, \cdots, n\}$，使得

$$N(A_i, B) = \max_{1 \leqslant j \leqslant n}\{N(A_j, B)\}$$

则称 B 与 A_i 最贴近，并判定 B 与 A_i 一类。这里采用格贴近度 $N(A, B)$。

第六节　云模型理论

用概念的方法来表示知识的不确定性，比数学方式的表达更容易理解和具有普适性。云模型理论建立了定性定量的不确定转换模型，从而将定性的概念和定量的数值进行不确定性转换。从而在使用自然语言来表述定性知识

的同时反映了语言的不确定性。

一、云和云滴的概念

设 U 是一个有精确数值的定量论域，C 是论域 U 上的定性概念，若定量值 $x \in U$，且定量值 x 是定性概念 C 的一次随机实现，记 $\mu(x) \in [0, 1]$ 为 x 对 C 的确定度：

$$\mu: U \rightarrow [0, 1] \forall x \in U \quad x \rightarrow \mu(x)$$

则 x 在论域 U 上的分布就称为云（cloud），每个 x 称为一个云滴。定量值 x 对定性概念 C 的随机实现为概率意义上的实现;x 对 C 的确定度是模糊集理论中的隶属度，同时这个确定度又是一个概率的分布，而不是不变的数值;云由大量的云滴组成，云滴之间都是随机出现，是无序的，一个云滴知识定性的概念的一次实现，云滴的数量多少决定了反应定性概念整体特征的强度大小。一般我们使用 (x, μ) 的联合分布来表达定性概念 C，记为 $C(x, \mu)$。

云模型是将用语言值表示的定性概念与其相对的定量数值表示之间的不确定转换模型，充分反映了自然语言概念的不确定性。云模型从自然语言的基本语言值切入，给出了定性概念的量化方式。将定性概念转换成论域中相对应的点集，对于特定的某个点，可以借助概率密度函数来表述。云滴的确定度具有模糊性，同时也具有随机性，同样地也可以使用概率密度函数表述。

二、云的数字特征

云的数字特征充分反映了定性概念的整体特征。一般地，云模型使用期望（expected value，Ex）、熵（entropy，En）、超熵（hyper entropy，He）3 个数字特征来整体表示定性的概念。

期望 Ex：云滴在论域空间 C 的分布的数学期望，标定了云的重心位置即云的中心值，就是最具有代表性的定性概念的点，也是具有最典型样本的概念。

熵 En：对定性概念的度量的不确定习惯，由概念的随机性和模糊性共同决定。一方面熵是定性概念的随机度量，描述了该定性概念对应的云滴的离散程度；另一方面又是此定性概念隶属度的描述，表示云滴在论域空间中可以反映概念的取值范围。

超熵 *He*：对熵进行不确定性度量，对熵进行求熵。具体数值由熵的随机性和模糊性共同决定。

概率理论中用期望，方差来反映随机性的数字特征，但是没有涉及知识的模糊性；隶属度对于知识的模糊性进行了数学刻画，但是排除了知识的随机性；粗糙集在基于准确知识前提下使用两个精确的集合来描述了不确定性，但是没有考虑到背景知识的不确定性。

三、正向正态云发生器及算法

正态分布是概率理论中的重要分布，一般用均值和方差表示；在模糊集理论中使用率较高的隶属函数是钟形隶属函数，表示为：

$$\mu(x) = \exp[-(x-a)^2/2b^2]$$

正态云模型是在正态分布和钟形隶属函数的基础上发展起来的模型。

正向正态云发生器表示了从定性到定量的映射，根据云的数字特征（*Ex*，*En*，*He*）产生云滴，定义如下。

令 *U* 是一个有精确数值的定量论域，*C* 是论域 *U* 上的定性概念，*U* 中有定量值 $x \in U$，且定量值 *x* 是定性概念 *C* 的一次随机实现，当 *x* 在论域 *U* 上的分布被称为正态云时，必须满足：

$x \sim N(Ex, En^2)$，其中 $En' \sim N(En, He^2)$，且 *x* 对于 *C* 的确定度满足：

$$\mu = e^{-\frac{(x-Ex)^2}{2(En')^2}}$$

正向正态云发生器如图 3-14 所示。

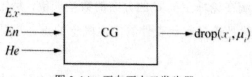

图 3-14　正向正态云发生器

具体算法流程如下：

Input：数字特征（Ex，En，He），生成云滴的个数 n

Output：n 个云滴 x 机器确定度 μ（表示为 drop（x_i，μ_i），$i=1, 2, \cdots, n$）

（1）生成以 Ex 为期望，He^2 为方差的一个正态随机数 En_i'。

（2）生成以 Ex 为期望，$En_i'^2$ 为方差的一个正态随机数 x_i。

（3）计算 $\mu_i = e^{-\frac{(x_i-Ex)^2}{2(En_i')^2}}$。

（4）具有确定度 μ_i 的 x_i 成为一个云滴。

（5）重复步骤 1，直到产生符合要求的 n 个云滴，伪代码如下。

Function Cloud（Ex，En，He，n）代码应用英文标点

For i=1：n　//设置循环直到产生符合要求的云滴数目

Enn ＝　　randn（1）*He+En

x（i）＝　　randn（1）*Enn+Ex

y（i）＝ exp（-（x（i）-Ex）^2/（2*Enn^2）

End

生成的云图如图 3-15 所示。

逆向云发生器是将定性概念向定量值机型转换的模型。可以将一定数量的准确数据转换成以数字特征（Ex，En，He）表示的定性概念，如图 3-16 所示。

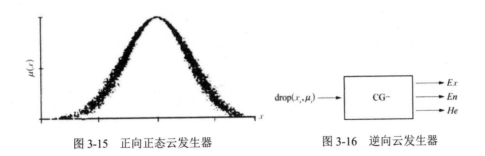

图 3-15　正向正态云发生器　　　　图 3-16　逆向云发生器

具体算法流程如下。

Input：样本点 x_i。

Output：反映定性概念的数字特征值（*Ex*，*En*，*He*）。

算法步骤：

①根据 x_i 计算

输入数据的样本均值 $\overline{X} = \dfrac{1}{n} \sum\limits_{i=1}^{n} x_i$，并将结果赋值给变量 a；

一阶样本绝对中心矩 $\dfrac{1}{n} \sum\limits_{i=1}^{n} \mid x_i - \overline{X} \mid$ 并将结果赋值给 b；

样本方差 $S^2 = \dfrac{1}{n-1} \sum\limits_{i=1}^{n} (x_i - \overline{X})^2$。

②$Ex=a$，$En=b$，$He = \sqrt{S^2 - En^2}$

=S-En。

③输出

误差分析：给定的样本点越多，逆向云发生器的算法误差就越小。

第七节　支持向量机

V. N. Vapnik 提出的支持向量机（support vector machine，SVM）以训练误差作为优化问题的约束条件，以置信范围值最小化作为优化目标，即 SVM 是借助于最优化方法解决机器学习的问题的新工具，是一种基于结构风险最小化准则的学习方法，在解决小样本、非线性和高维模式识别问题中有较大优势，并能够推广应用到函数拟合等其他机器学习问题中，其推广能力明显优于一些传统的学习方法。

支持向量机是使用训练实例的一个子集来表示决策边界，这个子集称为支持向量。

图 3-17 给定一个数据集，包含属于两个不同类的样本，分别用方块和圆圈表示。能否找到这样一个线性超平面（决策边界），使得所有的方块位于这个超平面的一侧，而所有的圆圈位于它的另一侧？

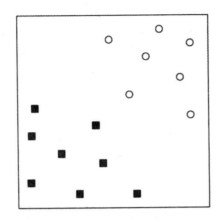

图 3-17　线性可分数据集

　　SVM 考虑寻找一个满足分类要求的超平面,并且使训练集中的点距离分类面尽可能地远,也就是寻找一个分类面使它两侧的空白区域最大。两类样本中离分类面最近的点且平行于最优分类面的两个超平面上的训练样本就称作支持向量。

　　图 3-18 中决策边界 B_1 和 B_2 都可以使得方块和圆圈分开,哪一个更好一些通常引入泛化误差来比较。

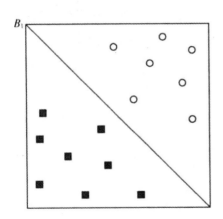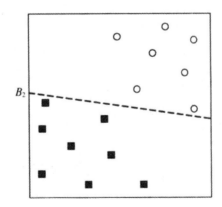

图 3-18　线性可分数据集两种决策边界

　　具有较大边缘的决策边界比那些具有较小边缘的决策边界具有更好的泛化误差。直觉上,如果边缘比较小,边界上任何轻微的扰动都可能对分类产生显著的影响。因此,那些决策边界较小的分类器对模型的拟合更加敏感,从而在未知的样本上泛化能力变差。

统计学理论给出了线性分类器边缘与其泛化误差之间关系的形式化解释，这种理论称为结构风险最小化理论。

结构风险最小化理论明确地给出，在概率 $1-\eta$ 的情况下，分类器的泛化误差在最坏的情况下满足：

$$R \leqslant R_e + \varphi \left(\frac{h}{N} \cdot \frac{\log(\eta)}{N} \right)$$

然而，依据结构风险最小化理论，随着能力的增加，泛化误差的上界也随之增加。因此需要设计最大化决策边界的边缘的线性分类器，以确保最坏情况下的泛化误差最小。

线性模型的能力与它的边缘逆相关。即具有较小边缘的模型具有较高的能力，因为与具有较大边缘的模型不同，具有较小边缘的模型更灵活，能拟合更多的训练集。线性 SVM 就是这样的分类器。

一、线性分类

考虑一个包含 N 个训练样本的二元分类问题。每个样本表示为一个二元组 $\{x_i, y_i\}$，$i=1, 2, 3, \cdots, N$，其中 $x_i = \{x_{i1}, x_{i2}, \cdots, x_{id}\}^\tau$，对应于第 i 个样本的属性集。为方便计算，令 $y_i \in \{-1, 1\}$ 表示它的类标号。

$$\vec{w} \cdot \vec{x} + b = -1$$

最大化边缘 $d : d = \dfrac{2}{\|\vec{w}\|}$

等价于对以下目标函数最小化： $L(w) = \dfrac{\|\vec{w}\|^2}{2}$

受限于（图 3-19）： $y_i = \begin{cases} 1, & \vec{w} \cdot \vec{x} + b \geqslant 1_i \\ -1, & \vec{w} \cdot \vec{x} + b \leqslant -1 \end{cases}$

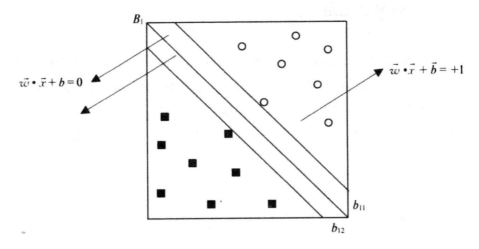

图 3-19　线性可分数据集边界和边缘

这是一个凸优化问题，可以通过标准的拉格朗日乘子法来解决。

二、核函数

低维空间线性不可分的模式通过非线性映射到高维特征空间则可能实现线性可分，但是如果直接采用这种技术在高维空间进行分类或回归，则存在确定非线性映射函数的形式和参数、特征空间维数等问题，甚至出现"维数灾难"。采用核函数技术可以有效地解决此问题。SVM 中不同的内积核函数将形成不同的算法，主要的核函数有 3 类。

1.多项式核函数

$$K(x, \ x_i) = [(x \cdot x_i) + 1]^q$$

2.径向基函数

$$K(x, \ x_i) = \exp\left(-\frac{|x - x_i|^2}{\sigma^2}\right)$$

3. S 形函数

$$K(x, \ x_i) = \tan h(v(x \cdot x_i) + c)$$

三、SVM 的应用

近年来 SVM 方法已经在图像识别、信号处理和基因图谱识别等方面得到了成功的应用，显示了它的优势。SVM 通过核函数实现到高维空间的非线性映射，所以适用于解决本质上非线性的分类、回归和密度函数估计等问题。支持向量方法也为样本分析、因子筛选、信息压缩、知识挖掘和数据修复等提供了新工具。

第四章　分布式人工智能中的 Agent 技术

第一节　分布式人工智能

分布式人工智能（distributed artificial intelligence，DAI）的研究始于 20 世纪 70 年代末，主要研究在逻辑上或物理上分散的智能系统如何并行地、相互协作地实现问题求解。

其特点如下。

（1）系统中的数据、知识及控制不但在逻辑上，而且在物理上分布的，既没有全局控制，也没有全局的数据存储。

（2）各个求解机构由计算机网络互连，在问题求解过程中，通信代价要比求解问题的代价低得多。

（3）系统中诸机构能够相互协作，来求解单个机构难以解决，甚至不能解决的任务。

分布式人工智能的实现克服了原有专家系统、学习系统等弱点，极大提高知识系统的性能，可提高问题求解能力和效率，扩大应用范围、降低软件复杂性。

其目的是在某种程度上解决计算效率问题。它的缺点在于假设系统都具有自己的知识和目标，因而不能保证它们相互之间不发生冲突。

近年来，基于 Agent 的分布式智能系统已成功地应用于众多领域。

第二节　Agent 系统

Agent 提出于 20 世纪 60 年代，又称为智能体、主体、代理等。受当时的硬件水平与计算机理论水平限制，Agent 的能力不强，几乎没有影响力。从 20 世纪 80 年代末开始，Agent 理论、技术研究从分布式人工智能领域中拓展开来，并与许多其他领域相互借鉴及融合，在许多领域得到了更为广泛的应用。M. Minsky 曾试图将社会与社会行为的概念引入计算机中，并把这样一些计算社会中的个体称为 Agent，这是一个大胆的假设，同时是一个伟大的、意义深远的思想突破，其主要思想是"人格化"的计算机抽象工具，并具有人所有的能力、特性、行为，甚至能够克服人的许多弱点等。20 世纪 90 年代，随着计算机网络及基于网络的分布计算的发展，对于 Agent 及多 Agent 系统的研究，已逐渐成为人工智能领域的一个新的研究热点，也成为分布式人工智能的重要研究方向。目前，对于 Agent 系统正在蓬勃发展的研究可分为基于符号的智能体研究和基于行为主义的智能体研究。

一、Agent 的基本概念及特性

研究者们给出了各种 Agent 的定义，简单地说，Agent 是一种实体，而且是一种具有智能的实体。

其中，M. Wooldridge 等人对 Agent 给予了两种不同的定义：一是弱定义；二是强定义。

弱定义认为，Agent 是用来表示满足自治性、社交性、反应性和预动性等特性的，一个基于硬件、软件的计算机系统。

强定义认为，除了弱定义中提及的特性外，Agent 还具有某些人类的诸如知识、信念、意图、义务、情感等特性。

Agent 的主要特性如下。

（一）自治性

Agent 不完全由外界控制其执行，也不可以由外界调用，Agent 对自己的内部状态和动作有绝对的控制权，不允许外界的干涉。

（二）社会性

Agent 拥有其他 Agent 的信息和知识，并能够通过某种 Agent 通信语言与其他 Agent 进行信息交换。

（三）反应性

Agent 利用其事件感知器感知周围的物理环境、信息资源、各种事件的发生和变化，并能够调整自身的内部状态做出最优的、适当的反应，使整个系统协调地工作。

（四）针对环境性

Agent 必须是"针对环境"的，在某个环境中存在的 Agent 换了一个环境有可能就不再是 Agent 了。

（五）理性

Agent 自身的目标是不冲突的，动作也是基于目标的，自己的动作不会阻止自己的目标实现。

（六）自主性

Agent 是在协同工作环境中独立自主的行为实体。Agent 能够根据自身内部的状态和外界环境中的各种事件来调节和控制自己的行为，使其能够与周围环境更加和谐地工作，从而提高工作效率。

（七）主动性

Agent 能主动感知周围环境的变化，并做出基于目标的行为。

（八）代理性

若当前内部状态和周围事件适合某种条件，Agent 就能代表用户有效地执行相应的任务，Agent 还能对一些使用频率较高的资源进行"封装"，引导用户对这些资源进行访问，成为用户通向这些资源的"中介"。此时，Agent 就充当了人类助手的角色。

（九）独立性

Agent 可以看成是一个"逻辑单位"的行为实体，成为协同系统中界限明确、能够被独立调用的计算实体。

（十）认知性

Agent 能够根据当前状态信息，知识库等进行推理、决策、评价、指南、改善协商、辅助教学等，以保证整个系统以一种有目的与和谐的方式行动。

（十一）交互性

Agent 对环境感知，并通过行为改变环境，也能以类似人类的工作方式和人进行交互。

（十二）协作性

通过协作提高多 Agent 系统的性能，聚焦于待求解问题最相关的信息等手段合作最终来共同实现目标。

（十三）智能性

Agent 根据内部状态，针对外部环境，通过感知器和执行器执行感知—推理—动作循环，这可通过人工智能程序设计或机器学习两种方式获得。

（十四）继承性

其沿用了面向对象中的概念对 Agent 进行分类，子 Agent 可以继承其父

Agent 的信念事实，属性等。

（十五）移动性

Agent 能根据事务完成的需要相应地移动物理位置。

（十六）理智性

Agent 能信守承诺，总是尽力实现自己的目标，为实现目标而主动采取行动。

（十七）自适应性

Agent 能够根据以前的经验校正其行为。

（十八）忠诚性

Agent 的通信从不会故意提供错误信息、假信息。

（十九）友好性

Agent 之间不存在互相冲突的目标，总是尽力帮助其他 Agent。

根据以上的讨论，可以给出一个 Agent 的简单定义：Agent 是分布式人工智能中的术语，它是异质协同计算环境中能够持续完成自治、面向目标的软件实体。Agent 最基本的特性是反应性、自治性、面向目标性和针对环境性，在具有这些性质的基础上再拥有其他特性，以满足研究者们的不同需求。

二、Agent 的分类及能力

（一）Agent 的分类

对 Agent 的分类需要从多方面考虑。从建造 Agent 的角度出发，单个 Agent 的结构通常分为思考型 Agent、反应型 Agent 和混合型 Agent。

思考型 Agent 的最大特点就是将 Agent 视为一种意识系统，即通过符号人工智能的方法来实现 Agent 的表示和推理。人们设计的基于 Agent 系统的目的之一是把它们作为人类个体和社会行为的智能代理，那么 Agent 就应该或必须能模拟或表现出被代理者具有的所谓的意识态度，如信念、愿望、意图（包括联合意图）、目标、承诺、责任等。其中典型的代表有由 Bratman 提出的、此后逐渐形成的著名的 BDI 模型。

符号人工智能的特点和种种限制给思考型 Agent 带来了很多尚未解决、甚至根本无法解决的问题，这就导致了反应型 Agent 的出现，反应型 Agent 的支持者认为，Agent 不需要知识、不需要表示、不需要推理、可以进化，它的行为只能在世界与周围环境的交互作用中表现出来，它的智能取决于感知和行动，从而提出了 Agent 智能行为的"感知—动作"模型。

反应型 Agent 能及时而快速地响应外来信息和环境的变化，但智能程度较低，缺乏灵活性；思考型 Agent 具有较高的智能，但对信息和环境的响应较慢，因而执行效率低，混合型 Agent 综合了两者的优点，已成为当前的研究热点。

根据问题求解能力还可以将 Agent 分为反应 Agent、意图 Agent、社会 Agent。

根据 Agent 的特性和功能可分为合作 Agent、界面 Agent、移动 Agent、信息（Internet）Agent、反应 Agent、灵巧 Agent、混合 Agent 等。

根据 Agent 的应用可将 Agent 分为软件 Agent、智能 Agent、移动 Agent 等。

（二）Agent 的能力

随着技术的成熟，待解决的问题越来越复杂。在许多应用中，要求计算机系统必须具有决策能力，能做出判断。到目前为止，人工智能研究人员已建立理论、技术和系统以研究和理解单 Agent 的行为和推理特性。如果问题特别庞杂或不可预测，那么能合理地解决该问题的唯一途径是建立多个具有专门功能的模块组件即 Agents，各自解决某一种特定问题。如果有互相依赖的问题出现，系统中的 Agent 就必须合作以保证能有效控制互相依赖性。具体来说 Agent 的能力有社交能力、学习能力、决策能力、预测能力。

此外，Agent 还有表达知识的能力和达到目标、完成计划的能力等。

（三）Agent 研究的基本问题

Agent 系统研究的问题主要有 3 个方面：Agent 理论、Agent 体系结构、Agent 语言。

1. Agent 理论

Agent 的理论研究可追溯到 20 世纪 60 年代，当时的研究侧重于讨论作为信息载体的 Agent 在描述信息和知识方面所具有的特性。直到 80 年代后期，由于 Agent 技术的广泛应用，以及在实际应用中面临的种种问题，Agent 的理论研究才得到人们的重视，前些年提出的关于思维状态的推理和关于行动的推理等研究是关于 Agent 研究的重要起点。Agent 理论研究要解决 3 方面的问题：①什么是 Agent？②Agent 有哪些特性？③如何采用形式化的方法描述和研究这些特性？Agent 理论的研究旨在澄清 Agent 的概念，分析、描述和验证 Agent 的有关特性，从而来指导 Agent 体系结构和 Agent 语言的设计和研究，促进复杂软件系统的开发。

Agent 的特性中含有信念、愿望、目的等意识化的概念，这是经典的逻辑框架无法表示的，于是研究人员提出了新的形式化系统，从语义和语法两方面进行改进。语义方面主要是可能世界状态集和状态之间的可达关系，并把世界语义和一致性理论结合为有力的研究工具。在可能世界语义中，一个 Agent 的信念、知识、目标等都被描绘成一系列可能世界语义，它们之间有某种可达关系。可能世界语义可以和一致性理论相结合，使之成为一种引人注目的数学工具，但是它也有许多相关的困难。

2. Agent 体系结构

在计算机科学中，体系结构指功能系统中不同层次结构的抽象描述，它和系统不同的实现层次相对应。Agent 的体系结构也主要描述 Agent 从抽象规范到具体实现的过程。这方面的工作包括如何构造计算机系统以满足 Agent 理论家所提出的各种特性，什么软硬件结构比较合适（如何合理划分 Agent 的目标）等。Agent 的体系结构一般分为两种：主动式体系结构和反应式体系结构。

3. Agent 的语言

Agent 语言的研究涉及如何设计出遵循 Agent 理论中各种基本原则的程序语言，包括如何实现语言、Agent 语言的基本单元、如何有效地编译和执行语言程序等。至少 Agent 语言应当包含与 Agent 相关的结构，还应当包含一些较强的 Agent 特性，如信念、目标、能力等。Agent 的行为（包括通知、请求、提供服务、接受服务、拒绝、竞争、合作等）借鉴了言语行为（speech act）理论的部分概念，可以表达出同一行为在不同环境下的不同效果。KQML（knowledge query manipulation language）是目前被广泛承认和使用的 Agent 通信语言和协议，它是基于语言行为理论的消息格式和消息管理协议。KQML 的每则消息分为内容、消息和通信 3 部分。它对内容部分所使用的语言没有特别限定。Agent 在消息部分规定消息意图、所使用的内容语言和本体论。通信部分设置低层通信参数，如消息收发者标识符、消息标识符等。

第三节　多 Agent 系统

一、多 Agent 系统的基本概念及特点

多 Agent 系统（multi-agent system，MAS）是指一些智能 Agent 通过协作完成某些任务或达到某些目标的计算系统，它协调一组自治 Agent 的智能行为，在 Agent 理论的基础上重点研究多个 Agent 的联合求解问题，协调各 Agent 的知识、目标、策略和规划，即 Agent 互操作性，内容包括多 Agent 系统的结构、如何用 Agent 进行程序设计（AOP），以及 Agent 间的协商和协作等问题。

分布式人工智能的产生和发展为多 Agent 系统提供了技术基础。到了 20 世纪 80 年代中期，分布式人工智能的研究重点逐渐转到多 Agent 系统的研究上了。Actors 模型是多 Agent 问题求解的最初模型之一，接着是 Davis 和 Smith 提出的合同网协议。

多 Agent 系统的特点主要包括：①每个 Agent 拥有求解问题的不完全的信息或能力，即每个 Agent 的信息和能力是有限的；②没有全局系统控制；③数

据的分散性；④计算的异步性；⑤开放性（任务的开放性、系统的开放性、问题求解的开放性）；⑥分布性；⑦动态适应性。

除了具有 Agent 系统的个体 Agent 的基本特点外，还有以下特点。

（一）社会性

Agent 可能处于由多个 Agent 构成的社会环境中，Agent 拥有其他 Agent 的信息和知识，并能通过某种 Agent 通信语言与其他 Agent 实施灵活多样的交互和通信，实现与其他 Agent 的合作、协同、协商、竞争等，以完成自身的问题求解或者帮助其他 Agent 完成相关的活动。

（二）自治性

在多 Agent 系统中一个 Agent 发出服务请求后，其他 Agent 只有在同时具备提供此服务的能力与兴趣时，才能接受动作委托。因此一个 Agent 不能强制另一个 Agent 提供某项服务。

（三）协作性

在多 Agent 系统中，具有不同目标的各个 Agent 必须相互工作、协同、协商未完成问题的求解，通常的协作有：资源共享协作、生产者/消费者关系协作、任务/子任务关系协作等。

二、多 Agent 系统的研究内容

多 Agent 系统是一个松散耦合的 Agent 网络，这些 Agent 通过交互解决超出单个 Agent 能力或知识的问题。目前，多 Agent 系统研究的主要方面包括：多 Agent 系统理论、多 Agent 协商和多 Agent 规划等，其他比较热门的多 Agent 系统研究还包括多 Agent 系统在 Internet 上的应用、移动 Agent 系统、电子商务、基于经济学或市场学的多 Agent 系统等。

（一）多 Agent 系统理论

多 Agent 系统的研究是以单 Agent 理论研究为基础的。除单 Agent 理论研究所涉及的内容以外，还包括一些和多 Agent 系统有关的基本规范，主要有如下几点：多 Agent 系统的定义；多 Agent 系统心智状态，包括与交互有关的心智状态的选择与描述；多 Agent 系统应具有哪些特性；这些特性之间具有什么关系；在形式上应如何描述这些特性及其关系；如何描述多 Agent 系统中 Agent 之间的交互和推理，等等。

对于多 Agent 系统，除了考虑关于单个 Agent 的意识态度的表示和形式化处理等问题，还要考虑多个 Agent 意识态度之间的交互问题，多 Agent 联合意图是多 Agent 系统理论研究的重要部分。

（二）多 Agent 系统体系结构

体系结构的选择影响异步性、一致性、自主性和自适应性的程度及有多少协作智能存在于单 Agent 自身内部。它决定信息的存储和共享方式，同时也决定体系之间的通信方式。

Agent 系统中有如下几种常见体系结构。

1. Agent 网络

在这种体系结构中，不管是远距离的还是近距离的 Agent 之间都是直接通信的。

2. Agent 联盟

联盟不同于 Agent 网络，若干相距较近的 Agent 通过一个称为协助者的 Agent 来进行交互，而远程 Agent 之间的交互和消息发送是由各局部群体的协助者 Agent 协作完成的。

3. 黑板结构

这种结构和联盟系统有相似之处，不同的地方在于黑板结构中的局部 Agent 群共享数据存储——黑板，即 Agent 把信息放在可存取的黑板上，实现局部数据共享。

（三）多 Agent 系统协商

多 Agent 系统中每个 Agent 都具有自主性，在问题求解过程中按照自己的目标、知识和能力进行活动，常常会出现矛盾和冲突。多 Agent 系统中解决冲突的主要方法是协商。协商是利用相关的结构化信息的交换，形成公共观点和规划的一致，即一个自治 Agent 协调它的世界观点、自己及相互动作来达到它目的的过程。

多 Agent 系统的协商主要包括：协商协议、协商目标、Agent 的决策模型。

第五章 知识发现与数据挖掘

第一节 知识发现

知识发现是从数据集中抽取和精化新的模式。知识发现的数据来源范围非常广泛，可以是经济、工业、农业、军事、社会、商业、科学的数据或卫星观测得到的数据。数据的形态有数字、符号、图形、图像、声音等。其结果可以表示成各种形式，包括规则、法则、科学规律、方程或概念网等。

"知识"是人们日常生活及社会活动中常用的一个术语，涉及信息与数据。数据是事物、概念或指令的一种形式化的表示形式，以适合用于人工或自然方式进行通信、解释或处理。信息是数据所表达的客观事实。数据是信息的载体，与具体的介质和编码方法有关。信息经过加工和改造形成知识。知识是人类在实践的基础上产生又经过实践检验的对客观实际可靠的反映，一般可分为陈述性知识、过程性知识和控制性知识。

知识发现（knowledge discovery in database，KDD）是基于数据库的知识发现技术的简称。KDD 一词是在 1989 年于美国底特律市召开的 KDD 专题讨论会上正式提出的。1996 年，Fayyad、Piatetsky-Shapiro 和 Smyth 对 KDD 和数据挖掘的关系进行了研究和阐述。他们指出，KDD 是识别出存在于数据库中有效、新颖、具有潜在效用、最终可理解的模式的非平凡过程，而数据挖掘则是该过程中的一个特定步骤。但是随着该领域研究的发展，研究者们的认识目前趋向于 KDD 和数据挖掘具有相同的含义，即认为数据挖掘就是从大型数据库的数据中提取人们感兴趣的知识。

知识发现与数据挖掘（data mining，DM）是人工智能、机器学习与数据库技术相结合的产物。

知识发现的范围非常广泛，可以是从数据库、文本、Web 信息、空间数据、图像和视频数据中提取知识。数据的结构也可以是多样的，如层次的、网状的、关系的和面向对象的数据。可应用于金融、医疗保健、市场业、零售业、制造业、司法、工程与科学及经纪业和安全交易、计算机硬件和软件、政府和防卫、电信、公司经营管理等众多领域。

第二节　数据挖掘

一、数据挖掘技术的产生及定义

数据挖掘是一个多学科交叉的研究与应用领域，包括数据库技术、人工智能、机器学习、神经网络、统计学、模式识别、知识系统、知识获取、信息检索、高性能计算及可视化计算等广泛的领域。

随着计算机硬件和软件的飞速发展，尤其是数据库技术与应用的日益普及，人们积累的数据越来越多，如何有效利用这一丰富数据的海洋为人类服务，也已成为广大信息技术工作者所关注的焦点之一。激增的数据背后隐藏着许多重要而有用的信息，人们希望能够对其进行更高层次的分析，以便更好地利用它们。与日趋成熟的数据管理技术和软件工具相比，人们所依赖的传统的数据分析工具功能，已无法有效地为决策者提供其决策支持所需要的相关知识，由于缺乏挖掘数据背后的知识的手段，而形成了"数据爆炸但知识贫乏"的现象。为有效解决这一问题，自 20 世纪 80 年代开始，数据挖掘技术逐步发展起来，数据挖掘技术的迅速发展，得益于目前全世界所拥有的巨大数据资源，以及对将这些数据资源转换为信息和知识资源的巨大需求，对信息和知识的需求来自各行各业，从商业管理、生产控制、市场分析到工程设计、科学探索等。

数据挖掘经历了以下发展过程。

20 世纪 60 年代及之前：数据收集与数据库创建阶段，主要用于基础文件处理。

70 年代：数据库管理系统阶段，主要研究网络和关系数据库系统、数据建模工具、索引和数据组织技术、查询语言和查询处理、用户界面与优化方法、在线事务处理等。

80 年代中期：先进数据库系统的开发与应用阶段，主要进行先进数据模型（扩展关系、面向对象、对象关系）、面向应用（空间、时间、多媒体、知识库）等的研究。

80 年代后期至 21 世纪初：数据仓库和数据挖掘蓬勃兴起，主要对先进数据模型（扩展关系、面向对象、对象关系）、面向应用（空间、时间、多媒体、知识库）等的研究。

数据挖掘（data mining，DM）是 20 世纪 90 年代在信息技术领域开始迅速兴起的数据智能分析技术，由于其所具有的广阔应用前景而备受关注，作为数据库与数据仓库研究与应用中的一个新兴的富有前途领域，数据挖掘可以从数据库，或数据仓库，以及其他各种数据库的大量各种类型数据中，自动抽取或发现出有用的模式知识。

数据挖掘简单地讲就是从大量数据中挖掘或抽取出知识，数据挖掘概念的定义描述有若干版本，以下给出一个被普遍采用的定义性描述。

数据挖掘，又称数据库中的知识发现，是一个从大量数据中抽取挖掘出未知的、有价值的模式或规律等知识的复杂过程。数据挖掘的全过程描述如图 5-1 所示。

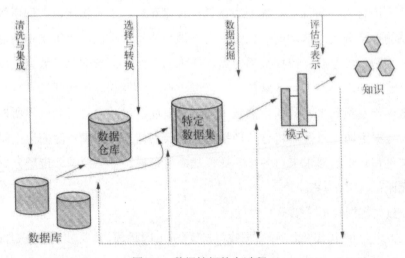

图 5-1 数据挖掘的全过程

数据挖掘的主要步骤如下。

（1）数据预处理，包括：

数据清洗，清除数据噪声和与挖掘主题明显无关的数据；

数据集成，将来自多数据源中的相关数据组合到一起；

数据转换，将数据转换为易于进行数据挖掘的数据存储形式；

数据消减，缩小所挖掘数据的规模，但却不影响最终的结果，包括数据立方合计、维数消减、数据压缩、数据块消减、离散化与概念层次生成等。

（2）数据填充，针对不完备信息系统，对缺失值进行填充。

（3）数据挖掘，利用智能方法挖掘数据模式或规律知识。

（4）模式评估，根据一定评估标准，从挖掘结果筛选出有意义的模式知识。

（5）知识表示，利用可视化和知识表达技术，向用户展示所挖掘出的相关知识。

二、数据挖掘的功能

（一）概念描述：定性与对比

获得概念描述的方法主要有以下两种：①利用更为广义的属性，对所分析数据进行概要总结，其中被分析的数据称为目标数据集。②对两类所分析的数据特点进行对比，并对对比结果给出概要性总结，而这两类被分析的数据集分别被称为目标数据集和对比数据集。

（二）关联分析

关联分析就是从给定的数据集中发现频繁出现的项集模式知识，又称为关联规则（association rules）。关联分析广泛应用于市场营销、事务分析等应用领域。

（三）分类与预测

分类就是找出一组能够描述数据集合典型特征的模型（或函数），以便能够分类识别未知数据的归属或类别，即将未知事例映射到某种离散类别之一。分类挖掘所获的分类模型主要的表示方法有：分类规则（IF-THEN）、决策树（decision trees）、数学公式（mathematical formulae）和神经网络。

一般使用预测来表示对连续数值的预测，使用分类来表示对有限离散值的预测。

（四）聚类分析

聚类分析与分类预测方法明显不同之处在于，后者学习获取分类预测模型所使用的数据是已知类别归属，属于有教师监督学习方法，而聚类分析无论是在学习还是在归类预测时所分析处理的数据均是无（事先确定）类别归属，类别归属标志在聚类分析处理的数据集中是不存在的。聚类分析属于无教师监督学习方法。

（五）异类分析

一个数据库中的数据一般不可能都符合分类预测或聚类分析所获得的模型。那些不符合大多数数据对象所构成的规律（模型）的数据对象就被称为异类。对异类数据的分析处理通常就称为异类挖掘。

数据中的异类可以利用数理统计方法分析获得，即利用已知数据所获得的概率统计分布模型，或利用相似度计算所获得的相似数据对象分布，分析确认异类数据。而偏离检测就是从数据已有或期望值中找出某些关键测度的显著变化。

（六）演化分析

对随时间变化的数据对象的变化规律和趋势进行建模描述。这一建模手段包括：概念描述、对比概念描述、关联分析、分类分析、时间相关数据分析（其中又包括：时序数据分析，序列或周期模式匹配，以及基于相似性的数据分析等）。

（七）数据挖掘结果的评估

评估一个作为挖掘目标或结果的模式（知识）是否有意义，通常依据以下四条标准：①易于为用户所理解；②对新数据或测试数据能够有效确定其可靠程度；③具有潜在的应用价值；④新颖或新奇的程度。一个有价值的模式就是知识。

三、常用的数据挖掘方法

数据挖掘是从人工智能领域的一个分支——机器学习发展而来的，因此机器学习、模式识别、人工智能领域的常规技术，如决策树、关联规则方法、聚类等方法经过改进，大都可以应用于数据挖掘。

（一）决策树

决策树广泛地使用了逻辑方法，相对较小的树更容易理解。图 5-2 是关于训练数据的决策二叉树。为了分类一个样本集，根节点被测试为真或假的决策点。根据对关联节点的测试结果，样本集被放到适当的分枝中进行考虑，并且这一过程将继续进行。当到达一个决策点时，它存贮的值就是答案。从根节点到叶子的一条路就是一条决策规则。决定节点的路是相互排斥的。

使用决策树，其任务是决定树中的节点和关联的非决定节点。实现这一任务的算法通常依赖于数据的划分，在更细的数据上通过选择单一最好特性来分开数据和重复过程。树归纳方法比较适合高维应用。这经常是最快的非线性预测方法，并常应用动态特性选择。

最早的决策树方法是 1966 年 Hunt 所提出的 CLS 算法，而最著名

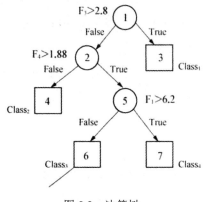

图 5-2　决策树

的决策树学习算法是 Quinlan 于 1979 年提出的 ID3 方法。

1. CLS 算法

CLS 算法的主要思想是从一个空的决策树出发，通过添加新的判定节点来改善原来的决策树，直至该决策树能够正确地将训练实例分类为止。

（1）令决策树 T 的初始状态只含有一个树根 (X, Q)，其中 X 是全体训练实例的集合，Q 是全体测试属性的集合。

（2）若 T 的所有节点 (X', Q') 都有如下状态：或者第一个分量 X' 中的训练实例都属于同一个类，或者第二个分量 Q' 为空，则停止学习算法，学习结果为 T。

（3）否则，选取一个不具有步骤（2）所述状态的叶节点 (X', Q')。

（4）对于 Q'，按照一定规则选取测试属性 b，设 X' 被 b 不同取值分为 m 个不相交的子集 Xi'，$1 \leq i \leq m$，从 (X', Q') 伸出 m 个分叉，每个分叉代表 b 的一个不同取值，从而形成 m 个新的叶结点 $(Xi', Q'-\{b\})$，$1 \leq i \leq m$。

（5）转步骤（2）。

2. ID3 算法

ID3 算法对检测属性的选择给出一种启发式规则，这个规则选择平均信息量（熵）最小的属性 A，因此，又称为最小熵原理。

（1）选取整个训练实例集 X 的规模为 W 的随机子集 $X1$（W 称为窗口规模，子集称为窗口）。

（2）以信息熵最小为标准选取每次的测试属性，形成当前窗口的决策树。

（3）顺序扫描所有训练实例，找出当前的决策树的例外，如果没有例外则训练结束。

（4）组合当前窗口中的一些训练实例与某些在③中找到的例外形成新的窗口，转（2）。

（二）关联规则方法

关联规则方法是数据挖掘的主要技术之一。关联规则方法就是从大量的数据中挖掘出关于数据项之间的相互联系的有关知识。

关联规则挖掘也称为"购物篮分析"，主要用于发现交易数据库中不同商品之间的关联关系。发现的这些规则可以反映顾客购物的行为模式，从而可以作为商业决策的依据。在商业领域得到了成功应用。Apriori 算法是一种经典的生成布尔型关联规则的频繁项集挖掘算法。

如超市的后台数据库会存储大量的消费者每天的购物数据。表 5-1 中的每行对应一个事务，包含了唯一的标识 ID 和消费者购买的物品的集合。超市分析员通常会挖掘这些数据内在的联系，了解超市的消费者的购买行为。挖掘出的有价值的规律可以用来支持各种促销计划，库房的供销管理等。

表 5-1　超市购物数据

ID	项　　集
1	{面包，牛奶}
2	{面包，尿布，啤酒，鸡蛋}
3	{牛奶，尿布，啤酒，可乐}
4	{面包，牛奶，尿布，可乐}
5	{面包，牛奶，尿布，啤酒}

这里采用关联分析（association analysis）的方法，用来发现隐藏在大量数据中的潜在的有用联系。所挖掘出来的关系可以用关联规则（association rule）和频繁项集的形式来进行表达。

表 5-1 中可以提取出这样的规则：

{尿布}→{啤酒}，这条规则说明了尿布和啤酒之间的销售有着很强的联系，因为许多消费者购买尿布的同时也购买了啤酒，销售商可以利用这类规则，增加新的交叉销售的机会。

在对购物篮事务使用关联分析技术时，需要处理两个关键的问题：第一，在大型关系数据库中使用关联分析的计算成本非常高，容易导致维灾难；第二，挖掘出来的关联规则的可信程度如何?是必然的内在联系还是偶尔出现的小概率事件呢?

定义：令 $I=\{i_1, i_2, \cdots, i_n\}$ 是购物篮数据集中所有项的集合，$T=\{t_1, t_2, \cdots, t_m\}$ 是所有事务的集合。每个事务 t_i 所包含的项集 i_i 都是集合 I 的子集。像这样包含了 0 个或者 n 个项的集合就被称为项集。项集包含了 m 个项，就称为 m-项集，如表中的事务 ID 为 1 的项集 {面包，牛奶}，是一个 2-项集。

关联分析挖掘出来的关联规则的一般为具有 "$X \rightarrow Y$" 形式的蕴涵表达式，其中 $X \subset I$，$Y \subset I$ 并且 $X \cap Y \neq \phi$。关联规则的强弱程度一般使用支持度（support）和置信度（confidence）来度量。支持度使得规则度量了给定数据集的频繁程度，表示了一种期望和规则的有用性，如果支持度较高说明规则是经常出现的，较低的支持度说明规则偶然性高，使用价值不大。置信度确定了 Y 在包含了 X 的事务中出现的频繁程度，描述的是关联规则的确定性，置信度越高，相应地 Y 在包含 X 的事务中出现的概率也就越高。关于支持度 s 和置信度 c 的数学定义如下：

$$s(X \rightarrow Y) = \frac{\sigma(X \cup Y)}{m}$$

$$c(X \rightarrow Y) = \frac{\sigma(X \cup Y)}{\sigma(X)}$$

其中 σ（）称为支持度计数，计算方式为：

$$\sigma(X) = | \ \{t_i \ | \ X \subseteq t_i, \ t_i \subseteq T\} \ |$$

对关联分析进行关联规则的挖掘算法通常分解为两个步骤：

第一步：发现项集频度满足预先定义的阈值最小支持度（minimum support count）的所有项集，这些项集称为频繁项集（frequent itemset）。

第二步：从第一步获取的所有频繁项集当中提取高置信度的规则，这些规则称为强规则（strong rule）。所谓的高置信度也是预先定义的一个阈值，强规则满足定义好的最小置信度。

例：一个体育用品商店的简单购物数据说明关联分析的过程（表 5-2）。

表 5-2 体育用品超市商店的购物记录

ID	网球拍	网球	运动鞋	羽毛球
1	1	1	1	0
2	1	1	0	0
3	1	0	0	0
4	1	0	1	0
5	0	1	1	1
6	1	1	0	0

从数据表中可以看出，事务计数=6，项集 I={网球拍，网球，运动鞋，羽毛球}。对网球拍和网球进行关联规则挖掘：事务 1，2，3，4，6 包含网球拍，事务 1，2，6 同时包含网球拍和网球，可以计算出支持度 s=0.5，置信度 c=0.6，如果事先给定的支持度 s 的阈值为 0.5，置信度 c 的阈值为 0.6，那么我们就可以认为网球拍和网球之间存在强关联规则，解释说法就是购买网球拍的顾客通常也会同时购买网球。

关联分析在实际应用中产生的频繁项集数目会非常大，需要探索的项集空间一般都达到了指数级，所以需要有相应的高效算法来降低算法的时间复杂度。实际应用当中还有更多比超市购买更复杂的问题，学者们也做了许多研究从各个方向对关联规则进行拓展，将更多的技术混合到关联规则挖掘技术之中，使得关联规则的覆盖面进一步扩大。如考虑数据集记录属性之间的类别层次关系，时态关系，多表挖掘等。近年来关于关联规则的研究主要集中于两个方向，即如何扩大经典关联分析算法解决问题的范畴，提高经典关联分析挖掘算法的效率和规则实用性。

（三）聚类

20 世纪 80 年代，Everitt 关于聚类给出了以下定义：在同一个类簇中的数据样本是相似的，而在不同的类簇中的样本是不同的，而且分别处于两个类中的数据间的距离要大于一个类中的两数据之间的距离。计算相异和相似度的方法是基于对象的属性值，常运用距离作为度量方式。

数据挖掘中，聚类与分类既有联系又有区别，被称为无监督分类，而分类分析是有监督分类。

高效的聚类算法需要满足两个条件：①簇类的样本相似度高；②簇间的相似度低。一个聚类算法采用的相似度度量方法以及如何实现很大程度上影响着聚类质量的好坏，且与该算法是否能发现潜在的模式也有一定的关系。

1.聚类的一般过程

（1）数据的准备：这一阶段是将数据的特征进行标准化处理和降低数据的维数。

（2）特征选择：这一阶段是剔除多余的信息，减少信息量的过程，尽量地选择出所有有用的特征。

（3）特征提取：这一阶段是把上一步的特征进行转换，使之能够成为进行下一步聚类所用的特征。

（4）聚类：这一阶段需要选取某种适当的相似性度量（一般采用欧几里得距离），然后选择合适的算法进行聚类的划分。

（5）效果评估：这一阶段主要是指对上一阶段得到的聚类结果进行评估，评估主要有外部有效性、内部有效性和相关性测试评估 3 种方式。

2.相似性度量

聚类分析是依据对象两两之间的相似（或差异）程度来划分类的，而这相似程度通常是用距离来衡量的。运用最广泛的距离计算公式是欧几里得距离（Euclidean distance），公式如下：

$$d(i,\ j) = \sqrt{\sum_{k=1}^{p} |\ x_{ik} - x_{jk}|^2}$$

其中，$i = (x_{i1},\ x_{i2},\ \cdots,\ x_{ip})$，$j = (x_{j1},\ x_{j2},\ \cdots,\ x_{jp})$。曼哈顿距离（Manhattan distance）是另一个常见的距离公式，公式如下：

$$d(i,\ j) = \sum_{k=1}^{p} |\ x_{ik} - x_{jk}|$$

欧几里得距离和曼哈顿距离是闵可夫斯基距离（Minkowski distance）的两个特例。闵可夫斯基距离的公式如下：

$$d(i,\ j) = \left(\sqrt{\sum_{k=1}^{p} |\ x_{ik} - x_{jk}|^r} \right)^{1/r}$$

由此可知，若 $r = 1$，则它就是曼哈顿距离计算公式；若 $r = 2$，则它就是欧几里得距离计算公式。

3.准则函数

聚类的目的是使类内的相似性高，而类间的相似性低。聚类结果的质量可以由聚类准则函数来判断，若准则函数选得好，质量就会高，反之，质量达不到要求时，则须反复运行聚类过程。一般的聚类准则函数有以下 3 种。

（1）误差平方和准则：

当各种样本较密集，且数量相差不大时，误差平方和准则可以获得良好的聚类结果。

函数定义如下：

$$J_c = \sum_{i=1}^{c} \sum_{k=1}^{m_i} \left\| x_k - m_j \right\|^2$$

式中，m_j 是类型 w_j 中样本的平均值，其计算方法如下：

$$m_j = \frac{1}{n} \sum_{j=1}^{n_j} x_j, j = 1, 2, \cdots, c$$

式中，m_j 是 c 个集合的中心，可以代表 c 个类型。J_c 表示最终的误差平方和，若 J_c 的值小，则表示聚类结果好，也就是误差小。

（2）加权平均平方距离和准则：

$$J_j = \sum_{j=1}^{c} P_j S_j^*$$

式中的 S_j^* 的公式如下：

$$S_j^* = \frac{2}{n_j(n_j-1)} \sum_{x \in X_j} \sum_{x' \in X_j} \left\| x - x' \right\|^2$$

式中，x_j 中的样本数量为 n_j，x_j 中的样本互相组合共有 $\dfrac{n_j(n_j-1)}{2}$ 种，

$\displaystyle\sum_{x \in X_j} \sum_{x' \in X_j} \left\| x - x' \right\|^2$ 是所有样本间的距离之和。

（3）类间距离和准则：

$$J_{b_1} = \sum_{j=1}^{c} (m_j - m)^T (m_j - m)$$

加权类间距离和准则：

$$J_{b_2} = \sum_{j=1}^{c} P_j (m_j - m)^T (m_j - m)$$

式中，$m_j = \dfrac{1}{n}\sum\limits_{j=1}^{n_j} x_j, j=1,2,\cdots,c$，$m = \dfrac{1}{n}\sum\limits_{k=1}^{n} x_k$，$P_j = \dfrac{n_j}{n}$，$P_j$ 是类型 w_j 的先验知识概率。

上述公式表示不同类间的分离程度，因此 J_b 的值越小，说明类间的差别程度越小，聚类效果越差。

4.数据挖掘中的聚类分析方法

（1）基于划分的方法。假设一个数据集总共有 n 个对象，要生成 k 个类，且 $k \leq n$。起初划分 k 个类，接着根据相应的规则，使得对象在各个类之间不断地移动，并且反复运算聚类中心，直到最终获得满足条件的 k 个划分。k 个划分中的每个划分都必须满足以下两个条件：一是每个类必须都是非空的；二是对每个对象而言，它只可能在某一个类，而不可能同时出现在两个类中。划分的准则是：相同类中的对象间的相似性尽量高，而不同的类的对象之间的相似性尽量低。基于划分的聚类算法快速、简单且有效，但也有某些不足之处，如容易陷入局部最优和对初始值敏感等。

最常用的基于划分的算法有：K-means 算法和 K-中心值算法等。

（2）基于层次的方法是将数据对象一层一层地进行分解，通常通过树状图来显示。层次的聚类方法包含两种，分别是分裂、凝聚。

（3）基于网格的方法是将数据空间创建成类似方块的网格结构且包含的网格数量一定，接着在这些网格上进行操作。该方法执行迅速，能够有效地处理大数据集，处理时间仅与划分的单元数量有关，与数据对象的数目不相关，并且输入数据的先后次序对聚类结果没有影响。

（4）基于密度的方法。大多数划分方法的聚类是依据对象之间的距离，如此仅能处理球状簇，很难处理其他形状的簇。而基于密度的方法是依据对象的密度，解决了这一难题，其思想是当某一区域的对象的密度高于设定的阈值，则将该区域内的对象合并到相近的聚类中。

第三节　大数据处理

一、大数据概述

2011 年，麦肯锡全球研究所发布名为"大数据：创新、竞争和生产力的下一个前沿"的报告，提出了大数据概念。

（一）大数据概念

大数据一词由英文 big data 翻译而来，大数据是指大小超出了传统数据库软件工具的抓取，存储管理和分析能力的数据群。

大数据的目标，不在于掌握庞大的数据信息，而在于对这些含有意义的数据进行专业化处理，换言之，如果把大数据比作一种产业，那么这种产业盈利的关键，提高对数据的加工能力，通过加工实现数据的增值，大数据是为解决巨量复杂数据而生的，巨量复杂数据有两个核心点，一个是巨量，一个是复杂。巨量，意味着数据量大，要实时处理的数据越来越多，一旦在处理巨量数据上耗费的时间超出了可承受的范围，将意味着企业的策略落后于市场，复杂意味着数据是多元的，不再是过去的结构化数据了，必须针对多源数据重新构建一套有效的理论和分析模型，甚至分析行为，所依托的软硬件都必须进行革新。

（二）大数据特征

大数据主要具有以下 4 个方面的典型特征，大量的（volume）、多样的（variety）、有价值的（value）、高速的（velocity），这 4 个典型特征通常称为大数据的"4V"特征，具体阐释如下。

1.数据体量巨大

大数据的特征首先就体现为数据体量大，随着计算机深入到人类生活的各个领域，数据基数在不断增大，数据的存储单位从过去的 GB 级升级到 TB

级，再到 PB 级、EB 级甚至 ZB 级，要知道每一个单位都是前面一个单位的 2^{10} 倍。

2.数据类型多

广泛的数据来源决定了大数据形式的多样性，相对于以往的结构化数据、非结构化数据越来越多，包括网络日志、音频、视频、图片、地理位置信息的这一类数据的大小内容格式用途可能完全不一样，对数据的处理能力提出了更高的要求，而半结构化数据就是基于完全结构化数据和完全非结构化数据之间的数据，具体也没有文档就属于半结构化数据，它一般是自描述的，数据的结构和内容混在一起，没有明显的区分。

3.价值高，但价值密度低

价值密度的高低与数据总量的大小成反比，相对于特定的应用大数据关注的非结构化数据的价值密度偏低，如何通过强大的算法更迅速地完成数据的价值提纯，成为目前大数据背景下期待解决的难题，最大的价值在于通过从大量不相关的各种类型数据中，挖掘出对未来趋势与模式预测分析有价值的数据，发现新规律和新知识。

4.处理速度快

数据的增长速度和处理速度是大数据高速性的重要体现，预计到 2020 年全球数据使用量将达到 35.2 ZB，对于如此海量的数据，必须快速处理分析并返回给用户，才能让大量的数据得到有效的利用，对不断增长的海量数据进行实时处理，是大数据与传统数据处理技术的关键差别之一。

（三）大数据的相关要素

大数据技术架构，包含各类基础设施支持底层计算资源，支撑着上层的大数据处理，底层主要是数据采集、数据存储阶段；上层则是大数据的计算处理挖掘与分析和数据可视化的阶段。

基础设施支持，大数据处理需要拥有大规模物理资源的云数据中心和具备高效的调度管理功能的云计算平台的支撑。云计算平台可分为 3 类：以数据存储为主的存储型云平台；以数据处理为主的计算型云平台；数据处理兼顾的综合云计算平台。

数据采集，有基于物联网传感器的采集，也有基于网络信息的数据采集，数据采集过程中的 etf 工具，将分布的异构数据源中的不同种类和结构的数据抽取到临时中间层进行清洗、转换、分类、集成，最后加载到对应的数据存储系统，如数据仓库和数据集市中成为联机分析处理数据挖掘的基础。

数据存储，云存储将存储作为服务，他将分别位于网络中不同位置的大量类型各异的存储设备通过集群应用网络技术和分布式文件系统等集合起来协同工作，通过应用软件进行业务管理，并通过统一的应用接口对外提供数据存储和业务访问功能，现有的云存储分布式文件系统包括 gfs 和 htfs，目前存在的数据库存储方案有，sql，nosql 和 newsql。

数据计算，分为离线批处理计算和实时计算两种，其中离线批处理计算模式最典型的应该是 Google 提出的 MapReduce 编程模型，Mapreduce 等核心思想就是将大数据并行处理问题分而治之，即将一个大数据通过一定的数据划分方法，分成多个较小的具有同样计算过程的数据块，数据块之间不存在依赖关系，将每一个数据块分给不同的节点去处理，最后再将处理的结果进行汇总。

实时计算，能够实时响应计算结果主要有两种应用场景：一是数据源是实时的不间断的，同时要求用户请求的响应时间也是实时的；二是数据量大无法进行预算单要求对用户请求实时响应的。运动过程中实时地进行分析，捕捉到可能对用户有用的信息，并把结果发送出去，整个过程中，数据分析处理，系统是主动的，而用户却处于被动接收的状态。数据的实时计算框架，需要能够适应流式数据的处理，可以进行不间断的查询，只要求系统稳定可靠，具有较强的可扩展性和可维护性，目前较为主流的为实时流计算框架，包括 StormSpark 和 Streming 等。

数据可视化，是将数据以不同形式展现在不同系统中，计算结果需要以简单直观的方式展现出来，才能最终被用户理解和使用，形成有效的统计分析预测及决策应用到生产实践和企业运营中，可视化能将数据网络的趋势和固有模式展现得更为清晰和直观。

（四）大数据的应用与挑战

大数据应用领域包括政务大数据，金融大数据，城市交通大数据，医疗大数据，企业管理大数据等。

大数据的机遇与挑战，人类已经进入了大数据时代，互联网高速发展的背景下，在软硬件，大数据能够应用的领域十分广泛，在这种潜力完全发挥之前，必须先解决许多技术挑战。首先，大数据存在于存储技术方面、数据处理方面、数据安全方面等诸多条，造成大数据相关专业人才供不应求，影响了大数据快速发展，究其本质来看，都需要专业人才与解决方法，几次大数据的采集存储和管理方面都需要大量的基础设施和能源，需要大量的硬件成本和能耗，而在数据备份的过程中，由于数据的分散性，备份数据相当困难，同时从大数据中提取含有信息和价值的过程是相当复杂的，这就需要数据处理人员加强业务理解能力、构建数据、理解数据、准备模型、建立数据处理部署及数据评估等流程。

最后，大数据及其相关技术会使 IT 相关行业的生态环境和产业链发生变革，这对经济和社会发展有很大影响，如果我们要获得大数据所带来的益处，就必须大力支持和鼓励解决这些技术挑战的基础研究。

二、大数据处理方法

（一）大数据计算框架——MapReduce

MapReduce 是谷歌公司的一种分布式计算框架，或者支持大数据批量处理的编程模型，对于大规模数据的高效处理完全依赖于他的设计思想，其设计思想可以从 3 个层面来阐述。

（1）大规模数据并行处理，分而治之的思想，MapReduce 分治算法是对问题实施的分而治之的策略，但前提是保证数据集的各个划分处理过程是相同的。数据块不存在依赖关系，将采用合适的划分对输入数据集进行分片，每个分片交由一个节点处理，各节点之间的处理是并行进行的一个节点，不关心另一个节点的存在与操作，最后将各个节点的中间运算结果进行排序、归并等操作以归约出最终处理结果。

（2）MapReduce 编程模型，MapReduce 计算框架的核心是其中映射（map）和归约（Reduce）是借用自 Lisp 函数式编程语言的原语，同时其也包含了从矢量编程语言里借来的特性，通过提供 Map 与 Reduce 两个基本函数，增加了自己的高层并行编程模型接口。Map 操作，主要负责对海量数据进行扫描转换及必要的处理过程，从而得到中间结果，中间结果通过必要的处理并输出最终结果，这就是 MapReduce 对大规模数据处理过程的抽象。

（3）分布式运行时环境，MapReduce 的运行时环境实现了诸如集群中节点间通信、督促检测与失效、恢复节点数据存储与划分任务调度及负载均衡等底层相关的运行细则，这也使得编程人员更加关注应用问题与算法本身，而不必掌握底层细节就能将程序运行在分布式系统上。

MapReduce 计算框架，假设用户需要处理的输入数据是一系列的 key-value 对，在此基础上定义了两个基本函数干，Map 函数和 Reduce 函数干，编程人员则需要提供这两个函数的具体编程实现。

（二）Hadoop 平台及相关生态系统

Hadoop 是 Apache 软件基金会旗下的一个大数据分布式系统基础架构，用户可以在不了解分布式底层细节的情况下，轻松地在 Hadoop 上开发和运行处理大规模数据的分布式程序，充分利用集群的威力进行存储和运算，可以说 Hadoop 是一个数据管理系统，作为数据分析的核心，汇集了结构化和非结构化的数据，这些数据分布在传统的企业数据栈的每一层，同时 Hadoop 也是一个大规模并行处理框架，拥有强大的计算能力，定位于推动企业级应用的执行。

Hadoop 被公认为是一套行业大数据标准开源软件，是一个实现了 MapReduce 计算模式的能够对海量数据进行分布式处理的软件框架，Hadoop 计算框架最核心的设计是 HDFS（Hadoop 分布式文件系统）和 MapReduce（Google MapReduce 开源实现）。HDFS 实现了一个分布式的文件系统，MapReduce 则是提供一个计算模型。Hadoop 中 HDFS 具有高容错特性，同时它是基于 java 语言开发的，这使得 Hadoop 可以部署在低廉的计算机集群中，并且不限于某个操作系统。Hadoop 中 HDFS 的数据管理能力，MapReduce 处理任务时的高效率及它的开源特性，使其在同类的分布式系统中大放异彩，并在众多行业和科研领域中被广泛使用。

Hadoop 生态系统主要由 HDFS、YARN、MapReduce、HBase，Zookeeper、Pig、Hive 等核心组件构成，另外还包括 Flume、Flink 等框架，以用来与其他系统融合。

（三）Spark 计算框架及相关生态系统

Spark 发源于美国加州大学伯克利分校的 AMP 实验室，现今，Spaark 已发展成为 Apache 软件基金会旗下的著名开源项目。Spark 是一个基于内存计算的大数据并行计算框架，从多迭代的批量处理出发，包含数据库流处理和图运算等多种计算方式，提高了大数据环境下的数据处理实时性，同时保证高容错性和可伸缩性。Spark 是一个正在快速成长的开源集群计算系统，其生态系统中的软件包和框架日益丰富，使得 spark 能够进行高级数据分析。

1. Spark 的优势

（1）快速处理能力，随着实施大数据的应用，要求越来越多，Hadoop MapReduce 将中间输出结果存储在 HDMS，但读写 HDMS 造成磁盘 I/O 频繁的方式，已不能满足这类需求。而 Spark 将执行工作流程抽象为通用的有向无环图（DAG）执行计划，可以将多任务并行或者串联执行，将中间结果存储在内存中，无需输出到 HDFS 中，避免了大量的磁盘 I/O。即便是内存不足，需要磁盘 I/O，其速度也是 Hadoop 的 10 倍以上。

（2）易于使用，spark 支持 java，Scala、Python 和 R 等语言，允许在 Scala、Python 和 R 中进行交互式的查询，大大降低了开发门槛。此外，为了适应程序员业务逻辑代码调用 SQL 模式围绕数据库加应用的架构工作方式大可支持 SQL 及 Hive SQL 对数据进行查询。

（3）支持流式运算，与 MapReduce 只能处理离线数据相比，spark 还支持实时的流运算，可以实现高存储量的具备容错机制的实时流数据的处理，从数据源获取数据之后，可以使用诸如 Map、Reduce 和 Join 的高级函数进行复杂算法的处理，可以将处理结果存储到文件系统数据库中，或者作为数据源输出到下一个处理节点。

（4）丰富的数据源支持，Spark 除了可以运行在当下的 YARN 群管理之外，还可以读取 Hive、HBase、HDFS 以及几乎所有的 Hadoop 的数据，这个特性让用户可以轻易迁移已有的持久化层数据。

2. Spark 生态系统 BDAS

BDAS 是伯克利数据分析栈的英文缩写，AMP 实验室提出，涵盖四个官方子模块，即 Spark SQL.Spark Streaming，机器学习库 MLlib 和图计算库 Graphx 等子项目，这些子项目在 Spark 上层提供了更高层、更丰富的计算范式。可见 Spark 专注于数据的计算，而数据的存储在生产环境中往往还是有 Hadoop 分布式文件系统 HDFS 承担。

（1）Spark。Spark 是整个 BDAS 的核心组件，是一个大数据分布式编程框架，不仅实现了 MapReduce 的算子 Map 函数和 Reduce 函数及计算模型，还提供更为丰富的数据操作，如 Filter、Join/goodByKey、reduceByKey 等。Spark 将分布式数据抽象为弹性分布式数据集（RDD），实现了应用任务调度、远程过程调用（RPC）、序列化和压缩等功能，并为运行在其上的单层组件提供编程接口（API），其底层采用了函数式语言书写而成，并且所提供的 API 深度借鉴 Scala 函数式的编程思想，提供与 Scala 类似的编程接口。Spark 将数据在分布式环境下分区，然后，将作业转化为有向无环图（DAG），并分阶段进行 DAG 的调度和任务的分布式并行处理。

（2）Spark SQL。Spark SQL 的前身是 Shark，是伯克利实验室 Spark 生态环境的组件之一，它修改了 Hive 的内存管理、物理计划、执行 3 个模块，并使之能运行在 Spark 引擎上，从而使得 SQL 查询的速度得到 10~100 倍的提升。与 Shark 相比，Spark SQL 在兼容性方面性能优化方面，组件扩展方面都更有优势。

（3）Spark Streaming。Spark Streaming 是一种构建在 Spark 算框架，它扩展了 Spark 流式数据的能力，提供了一套高效、可容错的、实时大规模流式处理框架，它能与批处理、即时查询放在同一个软件栈，降低学习成本。

（4）GraphX。GraphX 是一个分布式处理框架，它是基于 Spark 平台提供对图计算和图挖掘的简洁易用了丰富的接口，方便了对分布式处理的需求。

图的分布或者并行处理其实是把图拆分成很多的子图，然后分别对这些子图进行计算，计算的时候可以分别迭代，进行分阶段的计算。对图、视图的所有操作最终都会转换成其关联的表视图的 RDD 操作来完成，在逻辑上等价于一系列 RDD 的转换过程。GraphX 的特点是离线计算批量处理，基于同步的整体同步并行计算模型（BSP）模型，这样的优势在于可以提升数据处理的吞吐量和规模，但会造成速度上的不足。

（5）MLlib。MLlib 是构建在 Spark 上的分布式机器学习库，其充分利用 Spark 的内存计算和适合迭代型计算的优势，将性能大幅度提升，让大规模的机器学习的算法开发不再复杂。

3.流式大数据

Hadoop 等大数据解决方案，解决了当今大部分对于大数据的处理需求，但对于某些实时性要求很高的数据处理系统，Hadoop 则无能为力，对实时交互处理的需求催生了一个概念——流式大数据，对其进行处理计算的方式则称为流计算。

流式数据，是指由多个数据源持续生成的数据，通常也同时以数据记录的形式发送，规模较小。可以这样理解，需要处理的输入数据并不存储在磁盘或内存中，他们以一个或多个连续数据流的形式到达，即数据像水一样连续不断地流过。

流式数据包括多种数据，例如 Web 应用程序生成的日志文件、网购数据、游戏内玩家活动、社交网站信息、金融交易大厅、地理空间服务等，以及来自数据中心内所连接设备或仪器的遥测数据。流式数据的主要特点是数据源非常多、持续生成、单个数据规模小。

流式大数据处理框架如下：

（1）Storm。Storm 是一个免费开源的高可靠性的、可容错的分布式实时计算系统。利用 Storm 可以很容易做到可靠地处理无限的数据流，像 Hadoop 批量处理大数据一样，Storm 可以进行实时数据处理。Storm 是非常快速的处理系统，在一个节点上每秒钟能处理超过 100 万个元组数据。Storm 有着非常良好的可扩展性和容错性，能保证数据一定被处理，并且提供了非常方便的编程接口，使得开发者们很容易上手进行设置和开发。

Storm 有着一些非常优秀的特性，首先是 Storm 编程简单，支持多种编程语言，其次是支持水平扩展，消息可靠性，最后是容错性强。

（2）Spark Streaming。Spark Streaming 是 Spark 框架上的一个扩展，主要用于 Spark 上的实时流式数据处理。具有可扩展性高吞吐量可容错性等特点，是目前比较流行的流式数据处理框架之一，Spark 统一了编程模型和处理引擎，使这一切的处理流程非常简单。

（3）其他。目前比较流行的流式处理框架还有 Samza、Heron 等。这些处理框架都是开源的分布式系统，都具有可扩展性、容错性等诸多特性。

流式大数据框架将成为实时处理的主流框架，比如新闻股票商务领域大部分数据的价值是随着时间的流逝而逐渐降低的，所以很多场景要求数据在出现之后必须尽快处理，而不是采取缓存成批数据再统一处理的模式流式处理框架，为这一需求提供了有力的支持。

（四）大数据挖掘与分析

分析沙盒依靠收集多数据源的数据和分析技术，使得应用数据库内嵌处理的高性能计算成为可能，这种方式使得"由分析人员拥有"，而非"由数据库管理员拥有"，使得开发和执行数据分析模型的周期大大加快，另外分析沙盒可以装载各种各样的数据，例如互联网 Web 数据、元数据和非结构化数据，不仅仅是企业数据仓库中的典型结构化数据。

大数据分析的处理，机器学习、数据挖掘方面的算法是重要的理论基础。而对于这些常用的算法，目前已有许多工具库进行封装，以便在实际中进行调用或进一步扩展，目前比较主流的工具库有：Mahout、MLlib、TensorFlow。

Mahout 是 Apache 软件基金会旗下的一个开源项目提供了一些可扩展的机器学习领域经典算法的实现，主要有分类、聚类、推荐过滤、维数约减等，Mahout 可通过 Hadoop 库有效地扩展到云模型中。此外，Mahout 为大数据的挖掘与个性化推荐提供了一个高效引擎——Taste，该引擎基于 java 实现，可扩展性强。他对于一些推荐算法进行了，MapReduce 编程式的转化，从而可以利用 Hadoop 进行分布式大规模处理。Taste 既实现了最基本的基于用户的和基于内容的推荐算法，同时提供了扩展接口，便于实现自定义的推荐算法。

MLlib 是 Spark 平台中对常用机器学习算法实现的可扩展库。它支持多种编程语言，包括 java、Scala、Python 和 R 语言，并且由于构建在 Spark 之上对大量数据进行挖掘处理时具有较高的运行效率。MLlib 支持多种机器学习算法，同时也包括相应的测试和数据生成器，目前包含的常见算法有：分类、回归、协同过滤、聚类、降维和特征抽取和转换、频繁模式挖掘、随机梯度下降等。

TensorFlow 最初是由 Google Brain 团队开发的深度学习框架和大多数深度学习框架一样，TensorFlow 是一个用 Python API 编写，然后通过 C/C++引擎加速的框架。它的用途不止于深入学习，还有支持强化学习和其他机器学习算法的工具。主要应用于图像、语音、自然语言处理领域的学术研究，它暂时在工业界还没有得到广泛的应用。使用 TensorFlow 表示的计算可以在众多异构的系统上方便地移植，从移动设备如手机或者平板电脑到成千的 GPU 计算集群上都可以执行。

TensorFlow 使用的是数据流图的计算方式，使用有向图的节点和边共同描述数学计算。图中的节点代表数学操作，也可以表示数据输入输出的端点，同时表示节点之间的关系，传递操作之间使用多维数组（即张量，tensor），tensor 数据流图中流动。

第六章　大数据常用技术和平台

第一节　大数据编程模型

除了少数编程爱好者或者计算机及相关专业人员，很少有人会对编程工作感兴趣。即使对相关专业人员来说，编程也是一项复杂且有难度的工作。为了适应在大数据时代对处理体量巨大、结构复杂的数据的要求，简单、便捷、高效并且能够满足用户需要的编程模型成为大数据科学发展的一项关键技术。行业领域内主要的互联网公司都在大规模集群系统上研发了自己的分布式编程模型，使普通开发人员可以将精力集中于业务逻辑上，不用关注分布式编程的底层细节，从而降低了普通开发人员通过编程并行处理海量数据并充分利用集群资源的难度。

一、编程模型的概念以及大数据常用的编程模型

（一）编程模型概念

当面对一个新问题时，通常的想法是通过分析、转化或者转换，得到一个本质相同的、熟悉的或者抽象的、简单的问题，这就是归化思想。把初始的问题或对象称为原型，把化归后的相对定型的模拟化或理想化的对象称为模型。编程模型就是一套被反复使用、多数人知晓的、经过分类编目的、代码设计经验的总结和抽象。

编程模型提供了程序员或者编程语言对现实世界的看法，是指从事软件工程的一类典型的风格。例如，在面向对象编程中，我们认为现实世界的事

物都可以抽象为一个个对象，对象之间通过消息机制来产生相互作用；而在面向过程的编程中，我们认为程序是由一个个固定的模块构成的，这些模块之间会随着事情发展而产生的一系列变化，即有时间上的或者逻辑上的先后顺序，体现在程序设计语言里，这些模块表现为函数或者函数的集合。

（二）大数据常用的编程模型

随着大数据时代的到来，人们对结构复杂、数据种类多样、体量巨大的数据集并行处理的需求变得日益迫切，针对该类数据集的并行编程模型的研究和应用也受到了学术界和互联网业界的极大关注。并行计算模型大致上可以分为两种：计算密集型并行编程模型和数据密集型并行编程模型。顾名思义，计算密集型并行编程模型侧重于计算，数据密集型并行编程模型的编程核心是数据。

在大数据时代，数据是核心，一切的计算、分析、可视化展示都是基于数据的，因此数据密集型并行编程模型比计算密集型并行编程模型的应用更加广泛。下面我们着重介绍一下数据密集型并行编程模型的特点。

数据是数据密集型并行编程模型的核心。在大数据时代，数据是进行一切分析、处理、运算和可视化展示的基础，我们采用任何策略都是基于数据的。由于大数据的4V特性，在设计编程模型的时候应该尽量避免数据的频繁的、大规模的移动，以保证其性能，一般采用在数据存储的节点或者是在邻近节点进行计算的模式。

模型是数据密集型并行编程模型的基础。为了发掘大数据的价值，我们需要对大数据进行分析和处理。大数据的4V特性又决定了必须使用一定的具有平台独立性的模型来实现高层抽象操作，以便于上层数据业务逻辑和下层平台并行计算逻辑的解耦，进而减轻开发者的编程负担。这些问题包括计算节点的负载均衡、任务的分发调度、数据分发、系统的容错性等。

可靠性是数据密集型并行编程模型的根本。如果一个并行编程模型会导致并行计算节点出现计算节点宕机，而且数据无法恢复或者找回，这是任何人都无法忍受的。因此，在大数据环境下并行编程模型的数据备份、故障处理以及系统容错等是编程模型必须要重点考虑的问题。

可伸缩性是数据密集型并行编程模型的必要条件。大数据的 4V 特性决定了我们不可能仅仅依靠单一节点来完成数据的处理和分析工作，而且在并行计算中计算节点的宕机和失联是经常会发生的事实，这就要求我们的数据密集型并行编程模型必须具备高可伸缩性。

二、常见的大数据编程模型

常见的大数据编程模型有很多，我们对几个有代表性的编程模型从设计用途、设计思想等方面进行简要说明。

（一）MapReduce

MapReduce 是 Google 公司的 Jeff Dean 等人提出的编程模型，用于大规模数据的处理和生成。从概念上讲，MapReduce 处理一组输入的键值对（key/value 对），产生另一组输出的键值对。当前程序的实现是指定一个 Map（映射）函数，用来把一组键值对映射成一组新的键值对，同时指定并发的 Reduce（归约）函数，用来保证所有映射的键值对中的每一个共享相同的键组。程序员只需要根据业务逻辑设计 Map 和 Reduce 函数，具体的分布式、高并发机制由 MapReduce 编程系统实现。

MapReduce 的设计灵感来源于函数式语言（比如 Lisp）中的内置函数 Map 和 Reduce。简单来说，在函数式语言里，Map 表示对一个列表（List）中的每个元素做计算，Reduce 表示对一个列表中的每个元素做迭代计算。它们具体的计算是通过传入的函数来实现的，Map 和 Reduce 提供的是计算的框架。Reduce 既然能做迭代计算，那就表示列表中的元素是相关的，比如我想对列表中的所有元素做相加求和，那么列表中至少都应该是数值，否则求和就无法进行。而 Map 是对列表中每个元素做单独处理，这表示列表中可以是杂乱无章的数据。在 MapReduce 里，Map 处理的是原始数据，自然是杂乱无章的，每条数据之间互相没有关系；到了 Reduce 阶段，数据是以 key 后面跟着若干个 value 来组织的，这些 value 有相关性，至少它们都在一个 key 下面。因此我们可以把 MapReduce 理解为，把一堆杂乱无章的数据按照某种特征归纳起来，然后处理并得到最后的结果。

在 Google、MapReduce 用在非常广泛的应用程序中，包括反向索引构建、分布排序、Web 访问日志分析、机器学习、基于统计的机器翻译、文档聚类等，值得注意的是，MapReduce 实现以后，它被用来重新生成 Google 的整个索引，并取代老的 Adhoc 程序去更新索引。

（二）Dryad

Dryad 是 Microsoft 设计并实现的允许程序员使用集群或数据中心计算资源的数据并行处理编程模型。从概念上讲，一个应用程序可以表示成一个有向无环图（directed acyclic graph，DAG）。顶点表示计算，应用开发人员针对顶点编写串行程序，顶点之间的边表示数据通道，用来传输数据，可采用文件、TCP 管道和共享内存的 FIFO 等数据传输机制。Dryad 类似 Unix 中的管道。如果把 Unix 中的管道看成一维，即数据流动是单向的，每一步计算都是单输入单输出，整个数据流是一个线性结构，那么 Dryad 可以看成是二维的分布式管道，一个计算顶点可以有多个输入数据流，处理完数据后，可以产生多个输出数据流，一个 Dryad 作业是一个 DAG。Dryad 是针对运行 Windows HPC Server 的计算机集群设计的。

（三）Pregel

Pregel 是 Google 提出的一个面向大规模图计算的通用编程模型。许多实际应用中都涉及大型的图算法，典型的如网页链接关系、社交关系、地理位置图、科研论文中的引用关系等，有的图规模可达数十亿的顶点和上万亿的边。Pregel 编程模型就是为了对这种大规模图进行高效计算而设计的。

三、MapReduce 实现单词计数的运算过程

我们简述了 MapReduce、Dryad 和 Pregel 3 种编程模型的设计来源和模型特点，下面我们以 Hadoop 平台中最基础的使用 MapReduce 实现单词计数（word count）为例来进行说明其运算过程。

首先单词计数的 Map 端的核心代码如下：

```java
static class Map extends Mapper<LongWritable, Text,
Text, LongWritable> {
private final static LongWritable one = new LongWritable（1）；
private Text word = new Text（）；
@Override
protected void map（LongWritable key, Text value, Context context）
throws IOException, InterruptedException {
String line = value.toString（）；
StringTokenizer tokenizer = new StringTokenizer（line）；
while（tokenizer.hasMoreTokens（））{
word.set（tokenizer.nextToken（））；
context.write（word, one）；
}
}
}
```

然后 Reduce 的代码如下：

```java
static class Reduce extends Reducer<Text,LongWritable,Text,LongWritable> {
@Override
protected void reduce（Text key, Iterable<LongWritable> values, Context
context）
throws IOException, InterruptedException {
Iterator<LongWritable> iter=values.iterator（）；
Long sum= 0L;
LongWritable res =new LongWritable（）；
while（iter.hasNext（））{
sum +=iter.next（）.get（）；
}
res.set（sum）；
```

```
context.write（key, res）；
}
}
```

最后运行端的核心代码如下：

```
Configuration conf = new Configuration（）；
Job job = new Job（conf, "word count"）；
job.setJarByClass（TestWorldCount.class）；
job.setMapperClass（Map.class）；
job.setCombinerClass（Reduce.class）；
job.setReducerClass（Reduce.class）；
job.setOutputKeyClass（Text.class）；
job.setOutputValueClass（LongWritable.class）；
job.setMapOutputKeyClass（Text.class）；
job.setMapOutputValueClass（LongWritable.class）；
String uril = "input0001";
String uri3 = "output0001/wc"；
FileInputFormat.addInputPath（job, new Path（uril））；
FileOutputFormat.setOutputPath（job, new Path（uri3））；
System.exit（job.waitForCompletion（true）?0：1）；
```

以上是单词计数程序的核心代码，在设置完一系列参数后，通过 Job 类来等待程序运行结束。

运行的基本流程如下：首先 Job 类初始化 JobClient 实例，JobClient 中生成 JobTracker 的 RPC 实例，这样可以保持与 JobTracker 的通讯，JobTracker 的地址和端口等都是外部配置的，通过 Configuration 对象读取并且传入。接下来 JobClient 提交作业，JobClient 生成作业目录，从本地拷贝 MapReduce 的作业 jar 文件（一般是自己写的程序代码 jar），如果 Distributed Cache 中有需要的数据，从 Distributed-Cache 中拷贝这部分数据。根据 InputFormat 实例，实现输入数据的 split，在作业目录上生成 job.split 和 job.splitmetainfo 文件。然后将配置文件写入作业目录的 job.xml 文件中，接下来 JobClient 和

JobTracker 通讯，提交作业，JobTrack 响应请求，JobTracker 将 job 加入 job 队列中，JobTracker 的 TaskScheduler 对 Job 队列进行调度。然后 TaskTracker 通过心跳和 JobTracker 保持联系，JobTracker 收到后根据心跳带来的数据，判断是否可以分配给 TaskTracker，TaskScheduler 会对 Task 进行分配。TaskTracker 启动 TaskRunner 实例，在 TaskRunner 中启动单独的 JVM 进行 Mapper 运行。Map 端会从 HDFS 中读取输入数据，执行之后 Map 输出数据先是在内存当中，当达到阈值后，split 到硬盘上面，在此过程中如果有 combiner 的话要进行 combiner，当然同时也要进行 sort 操作。Map 结束后，Reduce 开始运行，从 Map 端拷贝数据，称为 shuffle 阶段，之后执行 reduce 输出结果数据，然后进行 commit 的操作。TaskTracker 在收到 commit 请求后和 JobTracker 进行通讯，JobTracker 做最后收尾工作。JobTracker 将程序运行结果返回给 JobClient，程序运行结束。

　　MapReduce 运行的基本流程图如图 6-1 所示。

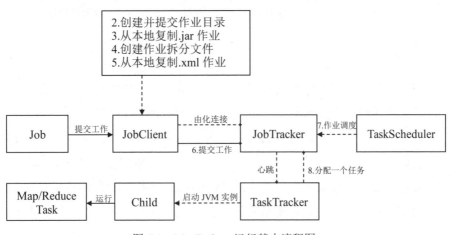

图 6-1　MapReduce 运行基本流程图

四、MapReduce 的主要特征

（一）向"外"横向扩展，而非向"上"纵向扩展

　　MapReduce 集群的构建选用的是价格便宜、易于扩展的大量低端商用服务器，而不是价格昂贵、不易扩展的高端服务器。由于价格竞争、可互换的

部件和规模经济效应，低端服务器保持着较低的价格。对于大规模数据处理，由于有大量数据存储需要，显而易见，基于低端服务器的集群远比基于高端服务器的集群优越，这就是为什么 MapReduce 并行计算集群会基于低端服务器实现。

（二）失效被认为是常态

MapReduce 集群中使用大量的低端服务器（Google 目前在全球共使用百万台以上的服务器节点），因此节点硬件失效和软件出错是常态，因而一个良好设计、具有容错性的并行计算系统不能因为节点失效而影响计算服务的质量，任何节点失效都不应当导致结果的不一致或不确定性；任何一个节点失效时，其他节点要能够无缝接管失效节点的计算任务；当失效节点恢复后应能自动无缝加入集群，而不需要管理员人工进行系统配置。MapReduce 并行计算软件框架使用了多种有效的机制，如节点自动重启技术，使集群和计算框架具有对付节点失效的健壮性，能有效处理失效节点的检测和恢复。

（三）把处理向数据迁移

传统高性能计算系统通常有很多处理器节点与一些外存储器节点相连，如用区域存储网络连接的磁盘阵列，因此大规模数据处理时外存文件数据 I/O 访问会成为一个制约系统性能的瓶颈。为了减少大规模数据并行计算系统中的数据通信开销，代之以把数据传送到处理节点（数据向处理器或代码迁移），应当考虑将处理向数据靠拢和迁移。MapReduce 采用了数据/代码互定位的技术方法，计算节点首先将尽量负责计算其本地存储的数据，以发挥数据本地化特点，仅当节点无法处理本地数据时，再采用就近原则寻找其他可用计算节点，并把数据传送到该可用计算节点。

（四）顺序处理数据、避免随机访问数据

大规模数据处理的特点决定了大量的数据记录不可能存放在内存，而只可能放在外存中进行处理。磁盘的顺序访问和随机访问在性能上有巨大的差异。例如，现有 100 亿个数据记录（每个记录 100 B，共计 1 TB）的数据库，更新 1%的记录（一定是随机访问）需要 1 个月时间，而顺序访问并重写所有数据记录仅需 1 天时间。MapReduce 设计为面向大数据集批处理的并行计算系统，所有计算都被组织成很长的流式操作，以便能利用分布在集群中大量节点上磁盘集合的高传输带宽。

（五）为应用开发者隐藏系统层细节

软件工程实践指南中，专业程序员认为写程序之所以困难，是因为程序员需要记住太多的编程细节（从变量名到复杂算法的边界情况处理），这对大脑记忆是一个巨大的认知负担，需要高度集中注意力；而并行程序编写有更多困难，如需要考虑多线程中诸如同步等复杂繁琐的细节，由于并发执行中的不可预测性，程序的调试查错也十分困难。大规模数据处理时程序员需要考虑诸如数据分布存储管理、数据分发、数据通信和同步、计算结果收集等诸多细节问题，MapReduce 提供了一种抽象机制将程序员与系统层细节隔离开来，程序员仅需描述需要计算什么（what to compute），而具体怎么去做（how to compute）就交由系统的执行框架处理，这样程序员可从系统层细节中解放出来，而致力于其应用本身计算问题的算法设计。

（六）平滑无缝的可扩展性

扩展性分为两个方面，即数据扩展和系统规模扩展。理想的软件算法应当能随着数据规模的扩大而表现出持续的有效性，性能上的下降程度应与数据规模扩大的倍数相当。在集群规模上，要求算法的计算性能应能随着节点数的增加保持接近线性程度的增长。然而绝大多数现有的单机算法都达不到以上理想的要求，把中间结果数据维护在内存中的单机算法在大规模数据处理时很快失效。MapReduce 几乎能实现以上理想的扩展性特征。多项研究发现，基于 MapReduce 的计算性能可随节点数目增长保持近似于线性的增长。

第二节　大数据处理平台

在上节中，我们讲述了大数据常用的编程模型，重点讲述了 MapReduce 编程模型的特点和相关知识，最后通过一个单词计数的实例，对 MapReduce 的运作流程做了具体说明。本节我们讲述大数据常用的处理平台 Hadoop、Storm 和 Spark 的特点及应用场景。

一、Hadoop 的相关概念和应用场景

（一）Hadoop 的相关概念

Apache Hadoop 是一个可靠的、弹性可伸缩的分布式开源计算平台，擅长在廉价机器搭建的集群上进行海量数据的存储和离线处理。Hadoop 是根据 Google 公司发表的关于 MapReduce 和 Google 文件系统的相关论文自行实现而成。

按照 Hadoop 项目的创建者 Doug Cutting 解释的 Hadoop 的名字的由来，Hadoop 借用了他的孩子给一头吃饱了的棕黄色大象取的名字，原因是这个名字符合了他对项目名称简短、容易发音和拼写的要求，没有太多含义，不会被用到别处的要求。从图 6-2 中我们可以看到，Hadoop 的标志正是一头憨态可掬的棕黄色大象。

图 6-2　Hadoop 的标志（摘自 Hadoop 官网）

Hadoop 项目起源于 Apache Nutch。Nutch 项目始于 2002 年，其目标是从头开始构建一个网络搜索引擎。在 Nutch 项目中，一个可以运行的网页爬虫工具和搜索引擎很快被开发出来，但是开发者认为该框架的可扩展度不够，并

不能解决数十亿网页的搜索问题。2003 年，Google 公司发表了一篇描述 Google 产品架构的论文 "The Google File System"，该论文描述的架构即是大名鼎鼎的 Google 分布式文件系统 GFS。使用该论文中提到的分布式文件系统可以解决数十亿网页的搜索问题，并且能够节省系统管理所花费的大量时间。在 2004 年，Nutch 开发者开始着手 Google 分布式文件系统的一个开源实现，即 Nutch 的分布式文件系统（NDFS）。

2005 年，Nutch 开发人员在 Nutch 上实现了第一个 MapReduce 系统，并在年中实现了算法完全移植。

2006 年 2 月，开发人员将 NDFS 和 MapReduce 移出了 Nutch 形成了 Lucene 的一个子项目，称为 Hadoop。

2008 年 1 月，Hadoop 称为 Apache 的顶级项目。

2008 年 4 月，Hadoop 打破世界纪录，成为最快的 TB 级别的数据排序系统，通过一个包含有 910 个节点的集群，在 209 秒内完成了对 1 TB 数据的排序，比前一年的冠军快了 88 秒。

Hadoop 已经经历了数个版本的迭代，截至 2016 年 5 月，Hadoop 的最新稳定版为 2.6.4 版本。

Hadoop 从 1.x 版本发展到 2.x 版本，其架构发生了巨大的改变。在 Hadoop 1.x 版本中，Hadoop 的核心组件包含两部分，即 Hadoop Distributed File System（HDFS）和 Hadoop MapReduce。在 Hadoop 2.x 版本中，Hadoop 包含 Hadoop Distributed File System（HDFS）、Hadoop YARN、Hadoop MapReduce 和其他组件。Hadoop 的架构如图 6-3 所示。

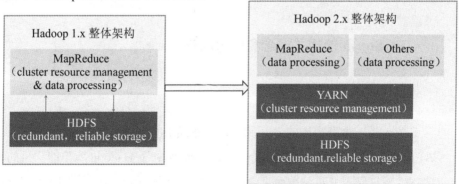

图 6-3　Hadoop 整体架构的演变

HDFS 是 Hadoop 的一个拥有高度容错性，适合部署在廉价的机器上的分布式文件系统。HDFS 能提供高吞吐量的数据访问，适合那些有着超大数据集的应用程序。

MapReduce 是适用于超大规模数据集的分布式并行运算的编程模型，其核心思想是"Map"和"Reduce"，即映射和归约。

由于针对 Hadoop 的 HDFS 和 MapReduce 已经在前面的章节中做了具体阐述，在此就不再赘述了。下面我们阐述从 Hadoop 1.x 版本到 Hadoop 2.x 版本的最重大的变化——Hadoop YARN。

YARN 是 Apache 新引入的一个资源管理子系统，其设计思想是将 MapReduce 和 JobTracker 拆分成了两个独立的服务。当用户向 YARN 中提交一个应用程序后，YARN 将分两个阶段运行该应用程序：第一个阶段是启动 ApplicationMaster；第二个阶段是由 ApplicationMaster 创建应用程序，为它申请资源，并监控它的整个运行过程，直到运行成功。

Hadoop 2.x 整体架构中的 Others 包含提供相关服务的其他组件，如通用 I/O 的组件和接口、存储数据序列化系统等。

（二）Hadoop 的应用场景

Hadoop 比较擅长的是数据密集的并行计算，主要内容是对不同的数据做相同的事情，最后再整合，即 MapReduce 的映射归约。只要是数据量大、对实时性要求不高，数据块大的应用都适合使用 Hadoop 处理。具体应用场景有系统日志分析、用户习惯分析等。

二、Storm 的相关概念和应用场景

（一）Storm 的相关概念

Storm 是一个高容错的、开源的、分布式实时计算系统，遵守 Eclipse 公共许可证（Eclipse Public License 1.0）。Storm 弥补了 Hadoop 所不能满足的实时要求，部署管理非常简单而且性能也是非常出众。Storm 经常用于实时分析、

在线机器学习、持续计算、分布式远程调用和 ETL 等领域。Storm 的图标如图 6-4 所示。

图 6-4　Apache Storm 图标（摘自 Storm 官网）

分布式实时计算系统 Storm 主要由 Clojure（发音类似"closure"）编程语言编写。Storm 最初由 Nathan Marz 和他的团队创建于 BackType，该项目在被 Twitter 取得后开源。

Storm 集群和 Hadoop 集群看起来很相似，都是由一个主节点和多个工作节点组成。但是在 Hadoop 上运行的是 MapReduce 的任务，而在 Storm 上运行的是拓扑（Topology），二者之间的一个关键的区别在于，Hadoop 的一个 MapReduce 任务在经过一系列运行和计算之后会结束，而 Storm 的一个拓扑除非手动结束否则会永远运行。Storm 的工作流程如图 6-5 所示。

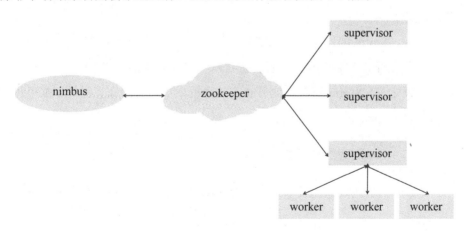

图 6-5　Storm 的工作流程

在 Storm 的主节点运行了一个名为 nimbus 的守护进程，该守护进程主要用于代码分配、任务布置和故障检测。在 Storm 的每个工作节点都运行了一个名为 supervisor 的守护进程，该进程会监听分配给该工作节点机器的工作，根据需要启动或者关闭工作进程。nimbus 和 supervisor 都是无状态的，二者的协调工作是由 zookeeper 来完成的。除此之外，zookeeper 还用于管理集群中的不同组件，如内部消息系统 ZeroMQ 等。worker 是每个机器中运行具体处理组件逻辑的进程。

Storm 的优点有以下几个方面：

首先，Storm 的编程模型非常简单。和 Hadoop 中的 MapReduce 降低了并行批处理复杂性类似，Storm 降低了进行实时处理的复杂性，以便于程序开发人员迅速开发出实时处理数据的程序。

其次，Storm 提供的服务比较人性化，更能贴合用户需求。Storm 支持应用的热部署，能实现应用的随时上线或下线。

再次，Storm 支持多种编程语言。Storm 默认支持 Clojure、Java、Ruby 和 Python，极大方便了不同类型的程序员。除此之外，Storm 支持编程语言的自定义扩展，如果用户要增加对其他语言的支持，只需实现一个简单的 Storm 通信协议即可。

再次，Storm 有一个本地模式，通过本地模式可以在处理过程中完全模拟 Storm 集群。我们可以在应用开发中先使用本地模式，测试通过后使用 Storm 集群进行相关工作。

最后，Storm 的消息处理机制是可靠的，Storm 保证每个消息至少能得到一次完整处理。任务失败时，它会负责从消息源重试消息。

除此之外，Storm 还有其他分布式处理框架都具有的高容错性、水平可扩展等特征。

（二）Storm 的应用场景

Storm 的应用场景主要表现在信息流处理、连续计算和分布式远程程序调用等方面。

1.信息流处理（stream processing）

Storm 可用来对数据进行实时处理并且及时更新数据库内容，同时兼具容错性和可扩展性。

2.连续计算（continuous computation）

Storm 可进行连续查询并把结果即时反馈给客户端。例如在电子商务网站上实时搜索到商品信息等。

3.分布式远程程序调用（distributed RPC）

Storm 可用来并行处理密集查询，其拓扑结构是一个等待调用信息的分布函数，当它收到一条调用信息后，会对查询进行计算，并返回查询结果。

三、Spark 的相关概念和应用场景

（一）Spark 的相关概念

Spark 是加州大学伯克利分校的 AMP 实验室（UC Berkeley AMP Lab）所开源的类 Hadoop MapReduce 的通用并行计算框架。Spark 的图标如图 6-6 所示。

图 6-6　Spark 图标（摘自 Spark 官网）

Spark 的主要特点是其提供了一个集群的分布式内存抽象，以支持需要工作集的应用，这个分布式内存抽象即是弹性分布式数据集（resilient distributed dataset，RDD）。

在 Spark 中，任何数据都被表示为 RDD。RDD 是一种只读的、分区的记录集合，这个集合的全部或部分可以缓存在内存中，可以在多次计算的过程中重复使用。从编程的角度来看，RDD 可以简单看成是一个数组。和普通数组的区别是，RDD 中的数据是分区存储的，这样不同分区的数据就可以分布在不同的机器上，同时可以被并行处理。从这个角度来看，Spark 应用程序所做的工作无非是把需要处理的数据转换为 RDD，然后对 RDD 进行一系列的变换和操作从而得到结果。

Spark 提供了 RDD 上的两类操作：转换（transformation）和动作（actions）。转换是用来定义一个新的 RDD，包括 map、flatMap、filter 等；动作是返回一个结果，包括 collect、reduce 等。

在 Spark 中，所有的 RDD 转换都是惰性的。在 RDD 执行转换操作的过程中，旧的 RDD 会生成新的 RDD，新的 RDD 的数据依赖于原来 RDD 的数据。那么一段程序实际上就构造了一个由相互依赖的多个 RDD 组成的有向无环图（DAG）。当 RDD 执行动作的时候，将这个有向无环图作为一个 Job 提交给 Spark 执行。

（二）Spark 的优点

Spark 的优点需要从 Spark 的整体模块划分来阐述，Spark 的整体模块划分如图 6-7 所示。

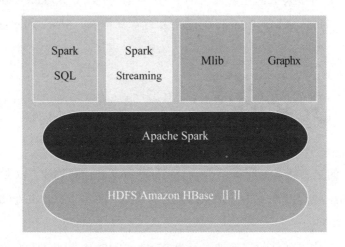

图 6-7　Spark 的整体模块划分

首先，Spark 平台能够与 Hadoop 很好地集成，能进行离线计算；其次，Spark Streaming 提供 API 用于流计算；再次，Mlib 提供了和机器学习相关 API，可作为算法优化性能的参考；此外，Spark SQL 提供了数据查询功能。

第三节　数据可视化

一、数据可视化的概念和内涵

可视化的历史非常古老，古代天文学家绘制的星象图，音乐家创作的古老的乐谱，都可以归结为可视化。可视化通常被理解为一个生成图形图像的过程。更深刻的认识是可视化是一个认知的过程，即形成某种事物的感知图像，强化人们的认知理解。正是基于这一点，我们可以认为可视化的终极目标是对事物规律的洞悉，而非所绘制的可视化结果本身。

例如，我们就公司本年度各个月份的销售额绘制出可视化的折线图，我们做各个月份销售额可视化并不是为了一张折线图，而是为了寻找这张折线图背后蕴含的商业规律。因此，可视化的意义在于发现规律、决策支持、揭示现象、分析事实、探索未知和学习知识。

数据可视化技术诞生于 20 世纪 80 年代，其定义可以被概括为：运用计算机图形学和图像处理技术，以图表、地图、标签云、动画或任何使内容更容易理解的方式来呈现数据，使通过数据表达的内容更容易被理解。据研究表明，人类获得的关于外在世界的信息 80%以上是通过视觉通道获得的，因此对大量、复杂和多维的数据信息进行可视化呈现具有重要的意义。

数据可视化是一门涉及计算机科学、数据分析、视觉设计、心理学等多个学科的交叉科学。总体来说，数据可视化的研究对象可以分为数据、可视化技术和可视化表现 3 个方面。

（一）数据

数据是用来描述科学现象和客观世界的符号记录，是构成信息和知识的基本单元。在大数据时代，数据已经成了和石油、粮食一样的战略资源。数据是数据可视化的基础，没有了数据，数据可视化也就无从谈起。大数据指的是体量巨大的、结构复杂的、种类繁多的数据的集合，包括非结构化数据、半结构化数据和结构化数据，其中以非结构化和半结构化数据为主。大数据时代，万物皆数据，如何把这些数据进行采集、存储、分析，然后进行数据可视化处理，进而发掘大数据的价值，是数据可视化的一个重要研究方面。

（二）数据可视化技术

作为可视化表现的基础，数据可视化技术并不是简简单单地把一个数据表格变成一个数据视图，如折线图、饼状图、直方图等；数据可视化技术是把复杂的、不直观的、不清晰而难以理解的事物变得通俗易懂且一目了然，以便于传播、交流和沟通，以及进一步的相应研究。

为了更好地把数据用人类容易直观理解的方式呈现，如图像、视频等，数据可视化技术特别注重技术的实现和相关算法的优化。数据可视化技术通过可视化工具将数据变抽象为具象，以便加深人们的印象，便于理解和说明问题。数据可视化技术涉及计算机图形学、计算机仿真领域等。现在广为人知的虚拟现实技术（virtual reality，VR）就是数据可视化技术的一种示例。

（三）数据可视化表现

数据可视化表现是指将晦涩难懂的数据以一种更为友好的形式，如图形图像等进行表现。数据可视化表现的目的是让用户通过实际感触，在互动中与数据交流，进而理解数据，最终理解数据背后蕴含的知识、规律。

严格意义上来讲，数据可视化表现并不仅仅局限于视觉，如图像、文字、表格等这一种表现形式，而是结合了人类听觉、嗅觉、触觉等多种感觉并且借助心理学相关交互处理的理论、方法和技术形成的全方位的表现形式。但是现阶段数据可视化表现的主要形式还是视觉表达，然后结合人们的心理感知，通过对心理学、图形设计等知识的合理运用来展现数据并有效传达其隐含意义。数据可视化表现侧重于采用何种方式能够最好地表现出该数据。所以，从这种角度可以说，可视化表现是可视化技术的指导思想和具象体现。

二、数据可视化分类

数据可视化,顾名思义其处理对象为数据。按照陈为等出版的专著《数据可视化》中的观点,数据可视化包含处理科学数据的科学可视化与处理抽象的、非结构化信息的信息可视化两个分支。科学可视化主要包含的是医学影像、工程测量等能有效呈现出数据中几何、拓扑和形状等特征的数据的可视化;信息可视化的处理对象是社交网络中的信息、金融交易、互联网文本数据等大量的非结构化数据。除此之外,由于数据分析的重要性,可以将可视化与数据分析相结合,进而形成另一个分支,即可视分析学。综上所述,数据可视化被分为科学可视化、信息可视化和可视分析学3个主要分支。

（一）科学可视化

作为可视化领域最早、最成熟的一个跨学科研究与应用领域,科学可视化在物理、化学、气象学、生物、医学等自然科学领域有着广泛的应用。这些学科通常都需要对数据或者模型进行解释、操作和处理,旨在寻找其中的模式、特点、规律或者其他情况。例如,我们大多数人在观看中央电视台的天气预报的时候可能看不太懂卫星云图,但是在经过科学可视化步骤将卫星云图转换为文字描述和地图结合的形式之后,我们就比较明了了。

到目前为止,科学可视化的理论基础与方法已经相对成熟。科学可视化的关注点主要在于三维真实世界,这些三维真实世界的数据通常意义上讲都是二维或者三维的数据,抑或是在这基础上加上时间维度。根据数据类别的不同,又可分为标量、向量和张量三类数据的可视化。例如温度、湿度、高度等标量数据的可视化就是标量的可视化;风力、磁力等向量数据的可视化就是向量可视化;压力、张力等张量数据的可视化就是张量可视化。

（二）信息可视化

信息可视化的处理对象是抽象的、非结构化的数据集合,如互联网文本数据、社交数据等。传统的信息可视化起源于统计图形学，又与计算机图形学、多媒体设计等现代技术相关，其表现形式通常在二维空间。

与科学可视化相比，信息可视化更加关注抽象、高维的数据。此类数据可视化一般和所需要可视化数据的数据类型紧密相关，所以按照数据类型的不同可以粗略地分为时空数据可视化、层次与网络结构数据可视化、文本和媒体数据可视化以及多变量数据可视化四类。

时空数据即是描述时间和空间的数据，这类数据常见的有地理信息数据和时变数据，一般这类数据的可视化主要考虑如何合理布局、呈现事物的时间特性和空间特性。

我们的生活或者我们人类作为社会动物就是生活在一张张不可见的网中，例如我们的朋友圈、我们使用的互联网、我们工作的圈子等。网络数据是现实世界中最常见的数据类型之一。同样，层次与网络结构数据可视化也是数据可视化的重要研究内容。层次与网络结构数据可视化研究的关键内容在于如何在空间中合理有效地布局节点和连线。

随着社交媒体的快速发展，每时每刻都会产生大量的社交媒体数据，这些社交媒体数据大部分是文本数据，也包括视频和音频数据。由于人类对视觉符号的认知速度远远高于文本数据，因此通过可视化可以有效地提高人们对这些社交数据的利用率。

现实世界是复杂的，仅仅通过两三个维度或者少数几个维度的变量来描述一项复杂的事物有的时候显然是不现实的。描述现实世界的复杂问题或者对象往往要用到高维数据。如何将这些高维数据在二维屏幕或者 3D 屏幕上现实，是数据可视化面临的又一个重大的挑战。

（三）可视分析学

可视分析学是一门以可视交互界面为基础的分析推理科学，综合了图形学、数据挖掘、空间感知、统计分析和人机交互等技术。可视分析学交叉学科的组成如图 6-8 所示。

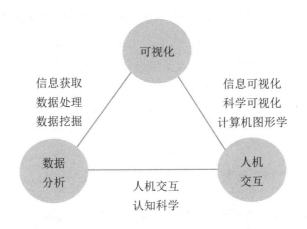

图 6-8　可视分析学的学科交叉组成

可视分析学研究的主要内容包括可视表达和交互技术、数据管理和知识表示、可视分析学的基础算法与技术、可视分析技术的应用等。

三、大数据时代数据可视化的发展趋势

随着大数据时代的到来，大量的、半结构化和非结构化的、种类繁杂的数据充斥着整个数据空间，这就对数据可视化提出了更高的要求。大数据形势下，数据可视化的发展趋势有以下几点。

（一）即时的数据关联趋势可视化服务

在大数据环境下，通过对若干存在关联性的可视化数据进行比较，能够挖掘出数据之间的重要关联或者是呈现一个有理有据的数据发展趋势。如果在大数据环境下这种数据可视化服务能够轻松迅速地做成，那将引起其他相关领域如金融数据可视化，电子商务等行业的巨大变革。

（二）多维叠加式数据可视化应用

在大数据环境下，事物的一种或者一方面的数据往往不能代表事物的完整信息，也不能解释全部。如果能够将多种数据进行叠加，然后进行数

171

据可视化，将极大地方便我们的生活，使我们每个人都享受到大数据时代带来的红利。

我们常见的将时空数据如地理位置信息和生活消费类应用相结合，这种叠加模式可以极大地方便我们的日常生活的衣食住行，如我们日常生活中经常用到的美团、滴滴打车等。在此类数据可视化应用中，用户所获取的视觉信息不再是单一维度而是多维度的叠加、综合。

（三）全媒体多平台的数据可视化展示

大数据时代不仅处理着海量的数据，同时也加工、传播、分享这些数据。数据可视化已经遍布我们生活的每一个细节。例如，我们日常使用的智能手机，既是一个数据采集工具，同时也是一个多媒体的数据可视化展示平台。如何借助大数据时代的东风，展示出满足各种各样用户需求的可视化界面，不仅是信息技术发展的客观需求，同时也是时代赋予我们的使命。

第七章　大数据行业应用

第一节　电子政务领域

一、发展现状

在电子政务领域，国内外一些先行者已经在运用大数据，通过多渠道的数据采集和快速综合的数据处理，增强治理社会的能力，实现政府公共服务的技术创新、管理创新和服务模式创新。大数据在电子政务领域的应用不仅使传统难题迎刃而解，更成为新时期应对新挑战、解决新问题的必然选择。

（一）大数据资源基础

所谓电子政务大数据资源，是指由政务服务实施机构建设、管理、使用的各类业务应用系统，以及利用业务应用系统依法依规直接或间接采集、使用、产生、管理的，具有经济、社会等方面价值，权属明晰、可量化、可控制、可交换的非涉密政府数据。

过去 10 多年来，政府投资建设了大量电子政务系统，后台积累了海量数据，这些数据和公众的生产生活息息相关。政府所掌握的数据使其成为国家最重要的信息保护者，通过产业链各环节的大数据耦合，发挥各个参与主体的优势资源，最终达到战略协同与聚力共赢。

（二）国内电子政务大数据应用情况

大数据在政府服务领域的应用，主要体现在处理信息方式的变化。一方面，通过大数据包容性的应用，实现政府各部门之间、政府与市民之间的信息共享，提高政府各机构协同办公效率和为民办事效率，实现政府社会治理能力和公共服务能力的显著提升；另一方面，由于大数据改变了公众思考世界、处理问题的方式，人们更多地关注信息之间的关联度，以及关联之后产生的更多价值。因此，大数据通过处理和分析而被发掘出来的价值将成为公众服务的核心内容。

据《2016 中国大数据交易产业白皮书》统计，2015 年政府大数据应用市场规模已经达到 16 亿元。预计近几年，政府大数据应用市场规模将成倍增长，到 2020 年，政府大数据应用市场规模将达到 1907.5 亿元。目前，电子政务大数据市场正迎来历史最佳的政策环境，政府大数据产业链也在逐步完善，国内各地方政府各种类型的大数据库正在逐步建立。在此基础上，大数据在细分行业和垂直领域的应用或将成为驱动市场继续快速发展的主要动力。交通、医疗、安防等都将是电子政务大数据首先迎来落地的垂直行业。

自 2012 年国务院正式明确提出大数据产业化的政策之后，各省（自治区、直辖市）级政府纷纷出台各自的大数据行动计划，积极培育大数据。2015 年国家对大数据的关注进一步升级，政策频出，大数据发展政策环境呈现良好态势并提出标准体系的建设。中国正呈现以政府为主导，带动其他社会主题共同参与，实现公共价值共生的大数据发展局面。

2012 年 12 月，广东省发布《广东省实施大数据战略工作方案》。

2013 年 6 月，重庆市发布《重庆市大数据行动计划》。

2013 年 7 月，上海市发布《上海推进大数据研究和发展三年行动计划（2013—2015 年）》。

2013 年 11 月，天津市发布《滨海新区大数据行动方案（2013—2015 年）》。

2013 年 12 月，江苏省发布《南京市关于加快大数据产业发展的意见》。

2014 年 3 月，贵州省发布《关于加快大数据产业发展应用若干政策的意见》《贵州省大数据产业发展应用规划纲要（2014—2020 年）》。

2014 年 7 月，湖北省发布《武汉市大数据产业发展行动计划（2014—2018 年）》。

2015 年 8 月，青海省发布《青海省关于印发促进云计算发展培育大数据产业实施意见的通知》。

2015 年 8 月，甘肃省发布《甘肃省关于印发加快大数据、云平台建设促进信息产业发展实施方案的通知》。

2015 年 11 月，陕西省发布《陕西省大数据与云计算产业发展五年行动计划》《陕西省大数据与云计算产业示范工程实施方案》。

2016 年 1 月，广西壮族自治区发布《关于印发脱贫攻坚大数据平台建设等实施方案的通知》。

2016 年 2 月，浙江省发布《浙江省促进大数据发展实施计划》。

2016 年 6 月，福建省发布《福建省促进大数据发展实施方案（2016—2020年）》。

2016 年 4 月，广东省发布《广东省促进大数据发展行动计划（2016—2020年）》。

2016 年 5 月，吉林省发布《吉林省人民政府办公厅关于运用大数据加强对市场主体服务和监管的实施意见》。

2016 年 5 月，北京市发布《北京市大数据和云计算发展行动计划（2016—2020 年）》。

（三）电子政务领域运用大数据的困难和瓶颈

在电子政务领域运用大数据技术的过程中，也显现出一些不可回避的困难和瓶颈问题。

1.平台服务能力的挑战

通过构建不同类型数据融合的大数据平台，支撑数据统一存储、统一管理，构建多样化应用，但随之而来需要面对几种典型问题：首先利用同一个大数据平台支撑不同部门、不同的应用系统构建各自的大数据应用，如何能避免应用对平台资源调用的冲突；其次在构建了融合的大数据平台后，如何在共享数据资产的同时，保证数据权属的完整性，有效避免数据资产的泄露。

2.数据处理能力的挑战

随着政务大数据的增加，各类新的数据类型层出不穷，对数据处理能力提出越来越高的要求。一方面，随着政务相关数据来源范围的扩大，以及音、视频内容的增长，每天都会有海量的增量数据生成，对这些数据及时进行抽取、转换、加载的批量处理，将面临巨大挑战。另一方面，对数据的实时处理能力要求越来越高，政务服务即办件比例的提升，信用体系对外即时响应服务的扩展等，都要求对各类数据及时进行有效性验证。

3.数据安全的挑战

大数据的安全与传统信息安全相比变得更加复杂，主要有 3 个方面：首先，大量数据汇集，其中包括大量政务服务数据、用户信息、个人的隐私和各种行为的细节记录，这些数据的集中存储增加了数据泄露风险；其次，因为一些敏感数据的所有权和使用权并没有被明确界定，很多基于大数据的分析需要考虑到其中涉及的个体隐私问题；再次，大数据对数据完整性、可用性和保密性带来挑战，在防止数据丢失、被盗取、被滥用和被破坏上存在一定的技术难度。

4.数据融合共享的挑战

数据的海量增长伴随着有用信息的不足，想用的、能用的数据无处可寻，可用的、可信的数据极端匮乏，政务领域的海量数据多处于"休眠"状态，真正用于提升业务效率、改变业务流程、变革业务发展的应用并不多。有些职能部门对数据的共享开放消极被动，有些部门基于风险的考虑不愿将业务数据拿出来与其他部门共享，有些部门限于信息壁垒和标准缺失无法共享开放。

（四）电子政务大数据典型应用场景

许多发达国家都已经把对政务大数据的开发应用提高到国家战略来研究。2015 年 8 月 31 日，国务院印发《促进大数据发展行动纲要》，明确部署的一个重要任务就是要加快政府数据开放共享，推动资源整合，提升治理能力。因此，在电子政务中如何应用大数据已经是一个迫切需要解决的问题。

1.统筹政府服务业务数据

电子政务是依靠信息化技术发展起来的，所以在电子政务中要想更好地应用大数据，必须加强对其的收集和管理。在大数据收集方面，首先要明确数据收集的范围，电子政务中的信息涉及经济、文化、社会、人口、经济、农业、环境等方面，因此大数据的收集要根据电子政务涉及的各业务领域进行收集，明确其收集的范围；其次要掌握数据收集的方法，电子政务中呈现出来的有文字、数字、音频、视频、图像等信息形式，因此对于这些"数据"的收集要掌握一定的方法，根据数据源的不同采用不同收集方法，例如，对于网络上数据，采用网络搜索引擎和网络下载等方法；对于实际工作中数据，采用实地调研和跨部门或地区共享合作等方法，再次，制定数据收集的制度，要以"快、新、真"的标准来收集数据，对于所需要的数据要以最快的速度收集起来，并不断地更新，最重要的是要保证真实。在大数据管理方面，电子政务中涉及的大数类型繁多，因此，要加强对大数据的管理，按照不同的类型建立相应的数据库。

2.强化政府职能转变和服务创新

电子政务的推行的目的其一就是加强政府职能转变和服务创新。要想真正达到这一目的，就应提高对大数据的系统分析和利用。首先，要对政府网站呈现给浏览者的数据进行系统分析，有效利用；其次，是对各级政府网站日志里捕捉到的用户访问频率较高的页面，及浏览页面的时间、用户交互的有关信息等数据进行系统分析，根据数据的分析，掌握群众对政府网站的需求，进而有效地优化政府网站页面、完善政府网站功能等方面，也为政府领导科学决策提供了有效依据。

3.建立大数据信息安全保障体系

在电子政务中公开的数据信息，存在一定的安全隐患，这就要求政府必须建立大数据信息安全保障体系。首先，在技术方面，要为数据信息提供强有力技术安全保护，对于一些实时数据和商业数据要做到风险点的预测，并实行预防性分析，从而防止黑客入侵或"钓鱼"攻击，有针对性地做到信息安全技术保障；其次，要有相应的网络法律监管，电子政务中为了提供便捷的服务，就会有各种办公系统附有政府各部门及个人的相关信息，而最近发生的信息外泄事件，也揭示网络安全已经是一个大问题，因此要制定相应的网络法律，确保电子政务中各类数据信息的安全。

二、应用和服务模式

如何利用大数据技术和理念，确保公众能够更多、更好地获取政府信息，为市民提供更为精准的信息推送服务，为政府决策提供更有力的支撑，成为大数据背景下建设服务型政府的重要内容，也是电子政务大数据应用和服务所要解决的主要问题。电子政务大数据应用模式如图 7-1 所示。

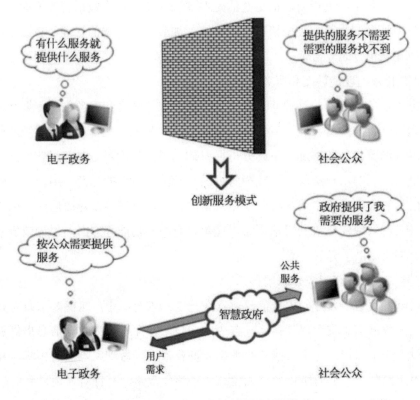

图 7-1 电子政务大数据应用模式

（一）跨行业政务协同

电子政务改变了传统政府管理以政府为唯一管理主体的模式，大数据 4V 特征使得电子政务与政府管理相互结合得更加密切，实现无缝政府的高效协同，即以"电子"为手段、"政务"为核心、"创新"为动力、"服务"为导向、"协同"为目标的大数据政务协同。大数据政务协同就是把电子政务贯穿到计划、组织、指挥、协调、控制和评价等管理全过程，实现电子政务与技术、组织、制度、资源、数据、管理、服务、政务等方方面面的协同，使得政务活动更加开放、透明、合理、共享、协同，真正使电子政务与政务活动融合并上升到大政务协同高度。"协同政务将继续引领电子政务建设的潮流"，网络时代促使政府内部纵向分权协同管理、政府部门横向整合协同管理、政府与其他管理主体协同管理 3 个方面改善。利用电子政务实现政府与政府（G2G）、政府与企业（G2B）、政府与社会公众（G2C）之间的信息共享、政务协同、公共服务等。大数据将改善 G2G、G2B、G2C 这 3 种电子政务模式，解决电子政务建设和发展中遇到的顶层设计、部门利益、政府管理体制、公共服务等问题，在提高政府行政效率和公共服务水平的同时，有效提高政府内部协同效率和效力，实现政府部门内部之间高效政务协同，即两个部门之间"一对一"协同模式、一个部门牵头多个部门配合的"一对多"协同模式、多个部门之间联动协作的"多对多"协同模式。

（二）政府服务决策管理

大数据的核心是预测分析，通过精准预测为政府科学决策管理提供依据。政府是大数据的主要信息主体，还是大数据信息资源的创造者、提供者、开发者、使用者，更是大数据的最终拥有者。用大数据网格式管理整合大数据信息资源，使大数据真正成为一种重要的基础资源，通过大数据构建电子政务决策支持平台，提升行政效率和节约行政成本，创新公共管理和服务模式，为社会公众提供优质公共服务，充分发挥大数据在政府应急决策管理、公共突发卫生事件决策、公共交通指挥决策、综合社会管理决策、环境污染保护决策等方面的预测预警作用。

利用大数据网格化模式打破传统社会管理条块分割的顽疾是一个难题，利用大数据网格化社会服务管理实现政府决策科学化、社会管理现代化、信息资源共享化、综合效能最大化、社会服务优质化等是一个挑战。通过大数据建设"智慧政府"实现"智慧政务"，纵向实现国家、省、地（市）、县等各级电子政务平台互联互通和资源共享，横向实现各级政府部门之间业务联动和政务协同。用网格式管理实现政府决策、政务协同和政务服务的紧密耦合，推动电子政务与城市管理、经济发展、民众保障、公共服务等多方面的深度融合，提供涵盖城建规划、交通物流、金融投资、教育就业、社保民生、旅游文化等行业领域的服务。

第二节 医疗卫生领域

一、发展现状

随着现代社会文明及城市的快速发展，城市流入人口不断增长，城市工作和生活压力不断增大，特别是老龄化进程的不断加速，危害市民健康的环境与社会因素的不断出现，使得居民健康和医疗问题日益突显。在这种情况下，世界上很多国家都在努力寻求提高公民健康水平、降低医疗费用支出的手段，而大数据技术的出现正好为医疗卫生行业所面临的困境提供一个有效的技术解决方案。

（一）医疗卫生领域的大数据资源基础

中国医疗信息化经历了一段时间的建设，已经形成了一定的基础并积累了丰富的数据，从 2006 年开始，中国相关省市、自治区开始通过区域卫生信息平台的建设，整合区域范围内医院、基层卫生机构、公共卫生的各类数据，形成以"人"为中心的电子健康档案库。数据主要包括临床信息——处方、检验报告、检查报告、手术报告、病案首页、出院小结；公共卫生信息——疾病报告、疾病管理、生命统计、儿童保健、妇女保健、老年人保健等。通过 10 年的区域医疗信息化探索，以及全国范围的区域卫生信息化建设，中国在医疗健康大数据已经初步具备了基础和规模。

在国家层面，《国务院办公厅关于促进和规范健康医疗大数据应用发展的指导意见》（国办发〔2016〕47 号）提出建设《全民健康保障信息化工程一期》项目。作为该项目的前期工程，2015 年国家卫生计划生育委员会统计信息中心启动了十省互联互通项目，开展了相关技术的验证工作。目前该项目已经接入了上海、湖南、湖北、江苏、浙江、福建、重庆、内蒙古、辽宁、北京 10 个省级平台。

在地方层面，部分省市已经建立了区域范围内的三级医院临床信息共享工程，以及省级和区县级健康信息互通工程，打通了省内三级医疗服务机构涉及的业务数据资源，囊括医疗服务业务中的医疗业务、临床业务、医学影像、医疗运营、医疗管理等。其中医疗业务数据涉及门诊、急诊、住院、挂号、出入院、收费、药品等数据；临床业务包括诊断与处方、检验检查（含医学影像）、手术等数据；医疗运营包括设备耗材的采购及库存管理、人力资源及绩效考核、财务管理与成本核算等；医院管理结合医疗业务、临床业务、医疗运营等原始数据开展业务、质量、安全、成本、效率等各方面的监督和管理。

目前，全国有 71% 的省（自治区、直辖市）启动了类似省级卫生信息化平台项目的建设，除上海以外，湖南、四川、湖北、江苏、浙江、福建、重庆、内蒙古、辽宁、北京都初步完成了基础平台的建设。此外，中国有 46% 的地市启动了地市级卫生信息化平台建设，29% 的区县启动了卫生信息化区县级平台建设。

（二）国内医疗卫生大数据应用情况

近年来很多国家都在积极推进医疗信息化发展，在临床辅助决策、医疗质量监管、疾病预测模型、临床试验分析、个性化治疗等方面的应用，大数据都将发挥巨大的作用，提高了医疗效率和医疗效果。伴随着医疗卫生信息化的迅速发展，医疗卫生领域早就遇到了海量结构化数据和非结构化数据的挑战，迎来了大数据时代的潮流。

目前，中国的医疗卫生领域还处在信息化和大数据积累阶段。很多省市已经启动建设医疗卫生领域的大数据资源互联互通工程，利用大数据架构基础高效计算业务数据资源，利用云计算技术高效存储业务数据资源，以及利用物联网技术手段高效采集业务数据资源。可以说近年来中国在该领域的数据资源呈现客观增长，由国内某省市建设的区域医疗信息项目（市级医院临床信息共享项目），已经率先在全国探索建立区域医疗信息共享系统，建立以患者为中心的电子诊疗档案数据中心与医学影像中心，实现跨医院的临床信息共享。所覆盖的数据包括：患者的诊疗事件、处方、检验报告、检查报告、住院病案、出院小结、医保结算和医学影像数据。目前，该项目覆盖面还在不断扩大，形成了全球最大样本量的医疗信息库和国际最大的医学影像中心，影像数据累计 1400 TB，达到 PB 级别。除此以外，国内其他区域也不同程度地启动医疗卫生信息化建设项目，已累积了海量的医疗数据，为大数据在医疗卫生领域的应用渗透奠定了基础。

杭州市构建了基于大数据分析技术的卫生专网，将地区医疗卫生数据汇集到市级医疗大数据中心。建立了城乡一体化的居民电子健康档案，阿里巴巴旗下的支付宝一项名为"未来医院"的计划也已在杭州市的邵逸夫医院登录。该计划的推广人员已与杭城的每一家医院都进行过沟通，目标是创新医院支付模式和优化就诊流程，支持健康大数据的建设和利用。以技术进步倒推体制改革，破解"看病贵""看病难"。

江苏省某医院启动了高血压患者心血管危险因素全面管理工程，旨在通过大数据管理帮助患者做到心血管风险早发现、早评估、早干预，远离健康威胁。通过免费易行的血压测量及危险因素筛查，可以尽早发现被忽略的风险因素，同时电脑会根据筛查结果对患者进行糖尿病、脑卒中及 10 年内冠心病发生的风险评估，帮助患者建立自己的心血管危险档案。

南京已启动优化区域医疗资源配置，发展智慧医疗的战略转型。南京公共卫生医疗中心、河西儿童医院将建成运行，并推进市中医院新院、江北国际医院等工程建设。江宁、浦口、六合、溧水和高淳区中医院全部达到二级甲等标准。另外，南京还将建成市卫生信息平台，建立数据库，建成远程医学会诊中心、区域影像诊断中心和区域心电诊断监测中心等，推广居民健康卡与市民卡的深度融合，全面打开南京市的医疗卫生的数字化时代。

（三）医疗卫生领域运用大数据的困难及瓶颈

大数据给中国医疗信息化的发展带来巨大的影响和机遇的同时，也面临着诸多问题和新的挑战。

1.标准不统一

目前中国尚未有统一的数据收集规范，数据的真实性、准确性得不到保证，医疗卫生信息共享进展缓慢，医院内部的异源异构系统过多，标准化程度低，内部集成困难，亟待建立统一的数据质量标准。另外，医疗卫生领域大数据的发展涉及多技术的融合，如数据采集技术、数据存储技术、数据分析技术、物联网、移动互联等，这些技术本身缺乏统一的技术标准，给技术的融合使用带来一定的障碍。

2.数据利用率低

医院卫生信息系统积累了个人健康、医疗信息、诊疗方案、既往病史、诊疗反馈、消费水平等丰富的医疗资源数据。但这些数据资源目前缺乏深入有效的分析，更没有完全实现电子化，多数情况下仅在管理层面有限应用，很少涉及临床专业层面。另外，目前已有的医疗数据分析模型相对简单，往往针对的是单一系统或单一功能的数据分析，不能有效地进行关联分析。如何充分有效地进行医疗卫生数据的挖掘和价值分析将是大数据在医疗卫生领域应用的重点。

3.数据安全性面临挑战

随着区域医疗信息平台中各类医疗数据的不断积累，数据的开放服务及发布将逐渐成为一种趋势。正如互联网上个人信息被泛滥流传一样，医疗和健康数据涉及大量包括患者个人及诊疗相关的医疗数据，这些敏感信息的泄漏很有可能导致严重的数据滥用事件的发生。如何有效地尽责任保护这些信息，同时又能够让数据能最大限度地发挥再生利用的价值，这对数据管理机构和数据分析机构提出挑战。

医疗卫生领域海量结构化、非结构化数据的累积，以及智能医疗和医疗信息化的发展，对大数据在医疗卫生领域的深入应用提出迫切的需求。目前医疗行业需要通过对大数据技术深入应用，深入挖掘医疗数据价值，加强政府在慢性疾病跟踪监测上的科学量化分析，合理部署利用医疗资源，提升医生的专业化医疗服务水平、疗效对比分析和用药决策，提高诊疗数据的科学利用价值，为居民的慢性病干预、生活习惯改善提供个性化健康保健指导，促进居民健康自我管理。同时，还要结合隐私保护技术，在实现医疗卫生大数据的资源共享和价值挖掘的同时，确保医疗数据的安全性。

（四）医疗卫生大数据应用前景

未来，大数据技术在医疗卫生行业的价值，将涵盖医疗卫生事业发展的各个环节。

1.提升临床及药物研究的水平

医药研发企业通过大数据的分析，建立疾病诊断和市场需求预测模型、改进临床试验统计和分析方法，对海量的临床实验数据进行挖掘分析、疾病分型研究、基于基因数据分析的个性化诊疗研究等。

2.支撑改进临床诊疗服务

通过对大量病案数据的分析，可以开展不同诊疗方案及用药的比较研究；基于循证的临床决策支持，全面的检验检查及诊断数据有利于远程会诊的开展；基于大量历史数据的沉淀，开展典型病例的研究；促进医疗资源及诊疗过程的公开，有利于医患双方信息充分沟通，促进医患关系和谐。

3.建立更有效的医保支付体系

为了有效、科学地配置医疗资源，医保部门和卫生部门正试图变革传统的按项目付费的单一支付制度，积极探索单病种付费、总额付费、疾病诊断相关分类（DRGs）等新型支付制度。基于特定地域、经济、地理、自然、人文环境的医疗健康大数据分析，将有利于辅助制定综合多因素特征分析的支付方案。

4.创新健康管理模式，促进公众健康

通过"健康云"提供的个性化健康管理服务，是众多第三方健康管理机构、医保支付者所觊觎的重大机遇。基于个人的全面健康信息，持续开展个性化的健康服务，将改变居民传统的"看病吃药"临床医疗消费模式，将医保基金的消费重心在人口健康变化的时间轴上前移，促进"治未病"健康消费模式形成，节约医保基金，迎接老龄化社会的挑战。

5.创新医疗相关服务模式，创造全新商业机遇

随着云计算、卫生信息平台的建立，如何挖掘、分析医疗大数据的价值，将成为医疗卫生领域IT投资的核心议题。医疗软件厂商的市场竞争核心将从

卖产品转变到卖服务，尤其是数据挖掘分析服务。

在不久的将来，将有一批医疗 IT 服务企业，在充分理解医疗卫生行业需求的基础上，通过提供合适的信息技术工具，为医疗卫生系统用户提供持续的、科学的、及时的数据分析服务，为其获得市场竞争力。

二、应用和服务模式

以患者为中心的医疗服务模式代表了医疗服务发展和服务理念的转变，是医疗体制改革的最终目标。以患者为中心的医疗模式充分尊重患者，对其兴趣、需求和价值观做出快速回应，确保所有临床决策以患者的价值观为导向。而尊重患者的价值观、个体化特征和需求，协调和整合不同专业的医疗服务、情感支持，做出决策时征求患者和家属的意见，保持医疗服务的连续性和可及性，是提高医疗质量的基本要求。

大数据则因为有效的数据整合模式，可以满足以患者为中心医疗服务的个性化医疗、协调和沟通、患者支持和赋权，以及良好可及性等多方面需求，为其提供卓越的技术平台，从医学研究、临床决策、疾病管理、患者参与，以及医疗卫生决策等方面推动医疗模式的转变。

医学研究正步入大数据时代，无论是疾病的流行病学调查、机制研究、新药物的研发，还是临床实效研究，都贯穿着对数据的获取、管理和分析，高效地利用研究数据将是决定研究成败的关键。目前研究认为，心血管疾病的发病机制中遗传和环境因素仅占 60%，另外 40% 则与个人行为、饮食习惯、社交、心理、生理及其他未知因素有关，需要更多的个人资料，包括个人收入、教育情况、喜好、社交网络的活动等。人类基因组计划产生的海量基因组序列数据将进一步丰富数据源，为个体化医疗奠定基础。日常诊疗伴随产生大量与患者相关的数据，将临床数据与基因组学数据及其他个人数据整合，会改变目前的临床研究模式，从而在"大数据小预算"的情况下，找到解决方案。

（一）辅助临床决策

大数据可用于临床决策，精准地分析患者的体征、治疗费用和疗效数据，可避免过度治疗或副作用较为明显的治疗。通过进一步比较各种治疗措施的效果，医师可更好地确定最具效价比的治疗措施，可提醒医师避免出错，如药品不良反应、过度使用抗生素等，帮助医师降低医疗风险。已有研究证实，临床决策支持可以有效改善患者的预后，提高医疗质量。

（二）管理慢性病患者

基于大数据的疾病管理模式，可以更好地对慢性病患者进行有效管理，提高管理质量。通过对数据的收集和分析，可实现临床指标的远程监测，对病情变化进行预判，及早处理。慢性心力衰竭患者通过提供体重变化和置入装置监测的肺动脉压变化，提醒医师及时采取治疗措施，防止病情恶化而住院，从而缩短住院时间、减少急诊量、降低医疗负担。

（三）提高患者决策参与度

利用大数据提高患者决策参与度，让临床医疗更加透明。可以帮助患者真正理解不同检查和治疗措施的价值，如冠状动脉 CT 成像检查假阳性和假阴性的可能性及付出的代价，包括假阳性结果所致不必要的进一步检查和治疗费用等。可以帮助患者理解选择不同措施的风险和获益，否则患者无法参与到治疗决策中。例如，当前列腺增生患者了解到外科手术虽然可以缓解尿流不畅的症状，但是可能带来性功能的问题时，选择手术治疗的患者将减少40%。有调查显示，如果患者真正地参与到决策中，英国国民健康保险制度（NHS）每年将节约 500 亿美元。和患者一起做出治疗决定、注重患者的想法、增加患者在决策中的参与度，可以提高患者的长期依从性和自我管理意愿，从而改善患者的预后。

（四）为疾病防控提供参考依据

利用覆盖全国的电子病历数据及社区居民的医疗数据进行分析，可用于流行病、慢性病的调查、趋势分析和预警，可以为进一步制定防治、干预计划提供有力的参考依据。通过提供准确、及时的公众健康咨询，提高公众健康风险意识、降低疾病风险。

在新的医疗模式下，围绕大数据展开的医疗产业将获得迅速发展，传统医疗服务产业将变得更加信息化和数据化，不断扩充循证医学参考信息库，为患者提供更加有据可循的预防、治疗方案。

第三节 智慧交通领域

一、发展现状

随着智能交通大数据技术的应用，城市中的众多摄像头、电子卡口、电子警察等系统在保障城市安全、维持交通秩序的同时，也在不断产生大量的数据信息，不仅能够节约时间，也能大大提高交通工具和道路的使用效率，减少能耗。大数据技术在智慧交通领域的应用不仅将"先知"逐渐变成现实，更建立起车、路、人之间的网络，通过整合信息，最终为人提供服务，使得交通更加智能、精细和人性化。对管理者而言，则大大提高管理者获取数据的能力，提高其决策能力和管理交通的能力。

（一）智慧交通领域的大数据资源基础

智慧交通领域累积了包含交通流检测数据、交通监控视频数据、相关行业数据，以及系统数据和服务数据等为主体的海量交通大数据资源，主要包括五个类型的数据：传感器数据（位置、温度、压力、图像、速度、RFID等信息）；系统数据（日志、设备记录、MIBs等）；服务数据（收费信息、上网服务及其他信息）；应用数据（生产厂家、能源、交通、性能、兼容性等信息）；实时数据（道路的原始流量、折算流量、占有率、饱和度、拥堵度、车辆行驶速度等信息）。国家及各省市交通管理部门各自组建各级交通管理大数据中心，运用大数据技术和云计算模式，打破传统信息系统和数据管理模式，对动静态海量交通数据进行挖掘分析，提取交通数据的深层价值，提高了管理部门对于本区域综合交通的监督和现代化管理水平，并提升了相关公众服务能力。

（二）国内智慧交通大数据应用情况

国内大部分地区智慧交通大数据的应用模式主要是构筑一个云平台，建立覆盖全行业管理和服务对象交通数据中心，基于平台与数据建设若干个使用大数据技术和云平台模式的应用系统，以整合分析与交通相关的信息。

智慧交通大数据应用服务主要面向 4 类业务场景：一是交通实时监控，获知哪里发生了交通事故、哪里交通拥挤、哪条路最为畅通，并以最快的速度提供给驾驶员和交通管理人员；二是公共车辆管理，构建驾驶员与调度管理中心之间的双向通信，来提升商业车辆、公共汽车和出租车的运营效率；三是旅行信息服务，通过多媒介、多终端向外出旅行者及时提供各种交通综合信息；四是车辆辅助控制，利用实时数据辅助驾驶员驾驶汽车，或替代驾驶员自动驾驶汽车。

上海市已经累积了多年智能交通建设工作的经验。2006 年，上海建立了交通综合信息平台，交通部门通过线圈、视频、信号控制系统及 PS 数据等这些技术手段，来分别对城市快速路、高速公路一些定性的数据（如车流量、车速、GPS 数据）进行采集。这些采集完的数据上传至大数据技术支撑平台，由平台对这些实时采集的数据进行汇聚、处理和发布，使这个平台成为上海交通信息汇聚和管理的中心，共享和交换的中心，以及提供发布信息的主渠道。但是该平台目前汇聚的主要数据和主要的类型是道路方面的，而这些数据来自各个行业。

浙江省成立了以交通、公安、海事、气象等 12 个职能部门为成员单位的省综合交通应急指挥部，对全省节日期间道路、水路、航空、铁路运输和城市交通实行综合指挥协调。该平台利用大数据、物联网、互联网等技术，在 1 年多的时间中，不断整合公路、铁路、水运、航空等视频，现已达 8300 多路，利用多种定位技术，对车、船、飞机进行实时监控。浙江省交通信息中心利用云计算，将所有车辆的行驶状况信息实时采集汇总，并进行智能管理分析，拓展了全省高速公路路网交通信息采集覆盖面，为交通管理部门的交通指挥、交通组织管理、突发事件应急处置提供了信息支撑，加大了高速公路路网运行监管力度，提升了高速公路交通管理和应对突发事件能力。

江苏省交巡警信息服务系统采用了云平台的智能交通技术，通过分布式数据库、任意关键字实时索引、实时查询、秒级响应请求，将传统的交通管控平台升级到智慧交通云平台，不仅提升了系统的性能和可靠性，而且降低了运营成本。江苏省交巡警信息服务系统每天处理的视频资料总量可能达到几百 TB。海量数据的处理和存储成了江苏省交巡警信息服务系统可视化平台的生命线。基于城市路段摄像头、高空摄像头拍摄的视频，该平台还具备流量监测、排队长度检测、路况检测等功能。

南京市公安局交管局和保险协会合作，成功开发了基于互联网大数据技术南京市道路交通事故快速处理综合应用服务平台，该平台已在全市的快速理赔服务中心投入使用。机动车发生轻微交通事故到理赔点报案，驾驶人只需要在第一次登记时，将车辆及驾驶人信息全部录入该系统，不需要反复填报，大大减少办理快速理赔的时间。根据不同保险公司的要求，系统设置了报警值。通过对手机号码、报案时间、驾驶人和车辆信息等数据的分析，一旦确认有骗保嫌疑，该平台可主动报警。另外平台根据系统提供的事故发生类型、时间、车型，可以为向公众发布的预防交通事故提供数据支撑，还可以根据系统提供的车辆出险次数和理赔金额确定保险数额，为二手车交易提供车辆性能依据。

（三）智慧交通大数据的优势、困难及瓶颈

大数据技术的应用能帮助交通相关的数据有效融合，协助探索、挖掘更多数据价值，促成智慧交通体系下的核心业务的相互衔接与友好协作，为综合交通体系建设提供坚强的支撑与保障。

交通数据的类型繁多，而且数量巨大。数据类型的复杂和数据量的急剧增加，决定了原有简单因果关系的应用模式对数据的使用率极低，完全无法发挥数据的作用。这一难题可以通过大数据技术得到解决。因此大数据分析为智能交通发展带来新的机遇：一是大数据技术的海量数据存储和高效计算能力，将交通管理系统跨区域、跨部门地集成和组合，将会更加有效地配置交通资源，从而大大提高交通运行效率、安全水平和服务能力；二是交通大数据分析将为交通管理、决策、规划和运营、服务及主动安全防范带来更加有效的支持；三是基于交通大数据的分析为公共安全和社会管理提供新的理念、模式和手段。

交通大数据时代的来临是智能交通发展的必然趋势，在这个进程中也将面临前所未有的问题和挑战。所面临的问题主要有 3 个方面：一是交通数据分散在不同部门（在中国与交通相关的部门有 10 多个），而部门之间又缺乏开放互通，造成了交通数据资源信息碎片化等现象；二是由于交通检测方式多样，信息模式复杂，造成数据种类繁多，且缺乏统一的标准；三是目前尚缺乏有效的市场化推进机制。

解决这些问题，需要做好几项挑战性工作：一是如何从政策和技术上突破交通数据资源互通、共享的壁垒，消除信息分散、内容单一等问题；二是如何确保交通数据资源的安全性，在数据开放的同时，加强数据的安全监管，尊重和保护相关政府部门、交通企业及个人的机密和隐私不受侵犯；三是如何提高交通数据资源的综合利用效率，将交通路况检测、GPS 定位、交通监控视频等零散信息进行有效的联系、汇聚和挖掘，使其能够真正支撑交通系统的运营管理，提高交通运行效率和安全水平。

（四）智慧交通大数据应用前景

面向建设综合交通、智慧交通、绿色交通、平安交通的重大需求，迎接大数据时代为智能交通技术发展所带来的机遇和挑战，立足国情、运用新技术手段、结合智慧城市建设，构建具有中国特色的新一代智能交通系统，将是中国智能交通发展的重要方向。

（1）不断地提升交通感知智能化水平，构建网络化的交通状态感知体系，提高交通信息资源的综合利用水平。

（2）推进政府交通信息资源有序开放建立起公益服务与市场化增值服务相结合的交通信息资源开发利用机制。

（3）应用新一代宽带发展网络，应用大数据、云计算、泛在网络、智能终端等新技术，大力推进个性化的移动服务发展，创新交通信息服务商业模式，鼓励交通管理、载运工具制造、信息产业等多方组成联盟。

二、应用和服务模式

大数据技术在智慧交通中的应用主要通过在城市中部署监控设施，收集视频监控、卡口电警、路况信息、管控信息、营运信息、GPS 定位信息、RFID 识别信息等数据，利用先进的视频监控、智能识别和信息技术手段，增加可管理空间、时间和范围，不断提升管理广度、深度和精细度。基于行业数据查询的特点，对搜索引擎进行优化定制，支持百亿记录的秒级高速查询。使用大数据技术分析数据，通过云集群对海量数据的分布式高速计算，支撑对海量数据的高效分析挖掘。深入挖掘数据价值，推出车辆轨迹、道路流量、案件聚类等大数据模型。

（一）分析预测及优化管理应用

分析预测与优化管理应用包括了交通规划、交通监控、智能诱导、智能停车等应用服务。基于大数据模型，推出智能套牌、智能跟车分析、轨迹碰撞、人脸比对、舆情分析等数据增值应用，逐步解决行业的深层次问题。通过集群机制，搜索服务的高可靠性、高容错性、高扩展性。同时能够做到无缝集成，快速从关系型数据库导入已经存在的历史数据，提供高可靠性、高容错性、高性能的海量数据存储解决方案，支持无缝容量扩展。

（二）交通综合监测和预警

交通综合监测和预警服务可以实现对整个城市交通状况的实时监测。交通管理部门可以对城市交通中可能发生的大面积交通瘫痪做出有效的预判。同时，也可以引导公众出行，为公众提供全面、及时的出行信息，真正达到绿色交通的出行要求。

（三）交通排放实时监测

交通排放实时监测服务能够实现实时碳排放监测，可以实现对城市的实时监测。在一定时期内的车辆碳排放情况，可以一目了然，为改善城市空气环境，治理汽车尾气排放提供数据支持。

（四）公共轨道交通管理

公共轨道交通管理服务能够实现公交和轨道客流区域的监测、走廊监测、安全监测与评价体系，以及投资效益分析。该服务有助于提升城市内公交和轨道运行效率。公交和轨道管理部门可通过适时调整公交轨道运力、运量，合理配置资源，使出行更加便捷、顺畅。

（五）公众出行信息服务

公众出行信息服务是交通路况信息的发布平台。政府及相关管理部门可通过该服务，以多种媒体形式，向公众发布信息。市民依靠这些信息可以调整自己的出行路径和方式，避开拥堵路段，更加快速到达目的地，并有效地节约了时间和资源，有效地提升了城市交通的服务水平。

第四节　公共安全领域

一、发展现状

公共安全是社会发展与文明进步的前提条件。在当今时代，由于快速的社会变革而引发的各种危机事件将人类社会带入了一个真正的"风险社会"。风险社会的本质特征是"不确定性"，即对风险难以进行有效预测与控制。因此，政府管理者乃至社会公众风险认知能力的提升成为改善公共安全治理效果的关键。近年来信息技术的发展，特别是大数据时代的来临，带来了数据与信息处理方式的根本性变革，这也对传统的公共安全治理实践带来了新的机遇与挑战。

（一）公共安全领域的大数据资源基础

公共安全领域中的大数据资源主要包括社会治安类安全信息（治安环境、犯罪信息等）、消费经济类安全信息（如信用卡信息）、公共卫生类安全信息（空气质量、传染病、食品安全信息等）、社会生活类安全信息（气象、交通信息等）等类型，这些信息"量"与"质"的提升为公共安全治理绩效的改善创造了有利条件。

1.流式数据

如交通监控摄像头视频数据、关键节点监控摄像头数据等。这些数据的数据量巨大，数据的保存时间有一定的时限性，需要即时的针对性处理，常规的处理操作包括车牌识别、车流量统计、人像识别、人像检索、越界报警识别、无人物品自动识别等。

2.状态量数据

如包括路灯、交通信号灯等的开关状态，也包括其他城市运行监测设备状态、检测设备监测到的城市状态等多种层次的数据。由于这类数据的时效性要求较高，需要根据不同的数据种类、来源，提供不同"即时性"等级的服务，满足不同的要求。

3.模拟量数据

这类数据是城市综合管理中最常见的数据，如人口密度、区域车辆密度、区域的人口流入和流出、城市的能源消耗、城市主干道交通流量等。这类数据通常可以直接提供给业务系统使用。

（二）国内公共安全大数据规划与策略

在中国，各省市纷纷基于国家的大数据战略和本地区的实际情况，制定大数据战略，涉及公共安全领域的规划与策略主要包括：

1.上海市

《上海推进大数据研究与发展三年行动计划（2013—2015年）》指出针对公共安全领域治安防控、反恐维稳、情报研判、案情侦破等实战需求，要建设基于大数据的公共安全管理和应用平台。汇聚融合涉及公共安全的人口、警情、网吧、宾馆、火车、民航、视频、人脸、指纹等海量业务数据，建设公共安全领域的大数据资源库，全面提升公共安全突发事件监测预警、快速响应和高效打击犯罪等能力。探索"以租代建"模式，依托第三方专业数据中心，实现数据内容托管、数据服务租用的现代运营模式创新。

上海市公安局表示上海警方将会同有关部门共同研究制定"大人流""大车流"动态信息监测预警办法，并充分运用大数据分析、视频技术等手段，加强人流监测预警，做到早发现、早报告、早处置。充分运用新一代互联网、物联网、大数据、云计算和智能传感、遥感、卫星定位、地理信息系统等技术，创新社会治安防控手段，提升公共安全管理数字化、网络化、智能化水平，打造一批有机融合的示范工程，利用大数据助阵治安防控。

一方面，上海拟梳理重要"商业圈、文化圈、生活圈"等人口密集区域人流数据，构建基于大数据和网格化技术相融合、相支撑的城市公共安全管理平台，统一规划，协同管理。破除部分行业单位在政府公共信息资源利用中的壁垒，为大数据和网格化技术应用提供基础数据支撑，解决相关法律、伦理、监管等问题，既推动数据资源共享共用，又保护好公民隐私和商业秘密。

另一方面，上海市正在筹建智慧应急产业联盟，聚焦于发现城市运行和安全生产中存在的薄弱环节和隐患，采取措施防患于未然。利用大数据技术支撑，将城市安全工作逐步从事后应对转变为事前预防，并形成可复制可推广的经验。

2.江苏省

以大数据为发展契机，推进江苏智慧城市试点建设。江苏省将结合智慧城市建设，以医疗卫生、文化教育、交通运输、公共安全等社会服务为切入点，加速各部门、各领域信息资源的融合共享，为智慧城市各个领域提供强大决策支持，强化社会管理与服务的科学性和前瞻性。强化对大数据建设工作的组织协调，统一全省的基础大数据集，避免一哄而上，重复建设，尽可能地实现数据资源联合共建、广泛共享。建立政府和社会联动的大数据形成机制，以政府数据公开共享，推动公共数据资源的开发利用。同时，加强政府部门在管理和服务过程中对数据的主动采集，建立政府大数据库。推进无线识别技术、传感器、无线网络、传感网络等新技术的广泛应用，提高数据采集的智能化水平。支持公共服务机构和商业机构开放与社会民生密切相关的公共数据。

3.浙江省温州市

温州市推进"网格化管理服务"和"基层社会管理综合信息系统"的"两网合一"。通过部门资源的要素整合、数据共享，温州市信息平台已辐射54个市级部门、716个县级部门、4125个乡级基层站所，实现了平台事件的跨区域、跨层级、跨部门流转。为实现部门联动事件的快速处置，温州建立完善部门联络员、领导督办、监督考核等制度，使部门联动成为常态。大数据真正的价值不是海量数据的简单录入和集合，而是通过数据的收集、整理、归类、分析、预测，发现数据背后的规律，给政府决策制定提供有价值的参考。当前，温州市每月入库数据近20万条，数据容量达1.2 TB，初步具备了大数据分析功能，提高了政策措施制定的前瞻性、预见性，实现了信息化应用从"数字化"到"智能化"的转变。

4.浙江省嘉兴市

2012年8月，嘉兴市公安局通过与人民公安大学开展科研合作，提出了"一体化警务"的理念，并于2013年4月制定出《"一体化警务"建设三年规划》，围绕统一的警务目标，以科技为主导，以警务资源整合为关键，以警务流程再造为核心，构建以情报信息一体化、城乡防控一体化、专业合成一体化、网上网下一体化、训练实战一体化为主体框架的现代警务机制。

嘉兴市作为全国统筹城乡一体化的先行地，城乡差距渐渐缩小。与之相应的治安防控机制也要从原先的城乡分割、差别发展向城乡互通、一体推进转变。随着调研的不断深入，决策者的视野也从最初跨越城乡壁垒的诉求，拓展到在信息化、动态化的大数据时代背景下，推动公安工作科学发展、转型发展、创新发展的破题之策。

无论是工作思维，还是信息整合、共享应用，一体化警务都以一种全新的视角得以转型提升，完全将公安机关靠人海战术、强制管控、孤军奋战等传统警务模式，转变为警务领域高度贯通、警务资源最优配置、警务效能最好发挥的形态。

（三）公共安全大数据发展中存在的主要瓶颈

1.大数据处理收益与成本控制

大数据处理在带来巨大收益的同时，也会引发处理成本过高的问题，大数据处理高昂的成本一方面源于数据规模的巨大，而且绝大多数为非结构化数据（视频、图片、位置信息等），需要配备更高级的硬件设备进行处理；另一方面源于大数据的价值密度较低，海量的数据中往往只能提取出少量有价值的信息，例如，在大量的监控录像中，可能只有几秒钟的画面对侦破犯罪有用。这就要求在进行大数据处理投入时提高公共财政资金使用的效率，来更好地满足公众需求。

2.大数据保障安全与风险诱发

信息技术的发展，使得大量数据被存储、分析、传输和应用成为可能，而且人们对这些数据资源的依赖性越来越强，一旦遭到破坏，损失巨大，危害严重。大数据来源的广泛性及传播的开放性意味着网络攻击者有了更多的破坏渠道，而且各种破坏行为将更为隐蔽，网络安全管理者的监控成本将大幅度提升。除此之外，由于大数据中80%以上的均为非结构化数据，这也对数据的安全存储构成了挑战。

3.大数据公共信息开放与隐私保护

大数据的一个显著特征是将社会生活中的各类事物数据化，同时将分布于不同领域、网络、系统、数据库内的各类数据整合在一起，从而挖掘出其中有价值的信息。在公共安全领域中，安全保障的"公共性"与公众隐私的"个人性"之间的界限更是难以清晰界定。例如，公共场所的监控使人们的隐私被暴露。更有甚者，以社交网站为代表的互联网发展在无时无刻不追踪着人们的行为"轨迹"，由此产生的大数据会形成一种"数字化记忆"效果，作为一种"全景控制的有效机制"，它会严重威胁人们的隐私和自由。

4.大数据技术发展与管理滞后

公共安全的治理涉及公共部门、私人部门等多类主体的协作，由此将会产生公共安全信息搜集、整合、应用上的各种问题。由于各类安全数据之间缺乏统一的标准，现有组织、部门、制度间的分割及信息管理理念的滞后，往往导致"数据孤岛"现象的出现。因此，在大数据技术发展基础上，以公开、透明、共享、协作等为基本原则的数据应用理念的转变及数据管理模式的重构，将成为影响公共安全治理领域中大数据应用效果的关键。

（四）公共安全大数据应用前景

1.城市安全运行情报综合研判

充分利用社会和公安图像资源、数据资源等，进行横向分析与纵向挖掘，分析安全、事故、警情、违法、地理位置等各要素之间的隐含关系，建立各种分析研判模型，满足城市安全运行管理态势分析预测、重大事故事件预警等高端应用需要，更好地服务于决策指挥、安全保障、预警防范等。

2.城市综合治安防控

以城市视频监控图像为切入点，综合运用智能视频分析、数据智能分析等关键技术，对重点区域、重要节点实施查缉布控，打造技防、人防、物防的三防社会治安防控体系。系统通过接入各类社会图像资源，综合已有的公安图像资源，将为城市治安防控提供大量的图像资源。

3.基础信息系统运行态势综合监控等

根据属地划分，对管辖范围的设施设备进行日常管理，保障设施设备的正常运行。根据设施设备管理所进行的工作，主要包括两个方面：一是借助视质检测、设备感知等手段，对系统设备（外场设备、内场设备）的实时监控，实现对批量设备的智能化管理；二是通过建立规范的设备全生命管理流程和报修管理流程，提高服务和运行维护工作效率，改善服务和运行维护工作质量。

二、应用和服务模式

作为科技理性的产物，大数据的合理利用将能够推动公共安全治理实践的根本性变革。风险社会中的"不确定性"主要表现为各类危机事件发生及其演变趋势的"不可计算性"，然而大数据技术则大大增强了公共安全治理者的"计算"能力，当"大数据"成为各种危机决策的基础之时，将出现一种全新的公共安全治理形态——"智慧治理"。大数据为代表的知识与技术的广泛性应用，提升了国家与政府应对公共安全等事务时的治理能力。

（一）动态人员流量大数据监控管理

结合大数据的分布式计算能力、云计算技术和移动通信基础能力，动态人员流量大数据分析应用服务可为人口密集区域安全监控管理部门提供人口流量统计、人口来源分析、景区热点排名等数据分析服务，协助地区管理单位进行精准宣传推广和景点导览规划。如2014年11月，在浙江省乌镇举行的首届世界互联网大会上，基于大数据分析技术的动态人员流量大数据分析平台通过实时分析会场区域的人员及行为数据，发布了参会客源国籍、终端类型、热点应用、内容关注度等数据，并分析发布了会场嘉宾年龄性别比例、流量使用偏好及消费能力等信息，展示了移动大数据的综合分析能力。同时可以实现对公共区域的人员流量提供监控，避免出现诸如踩踏等事件的发生，提高应急管理水平，主动发现问题，实现应急处置。运用大数据和网格化技术保障城市公共安全，同时又不干扰城市正常运转和市民正常生活，是比较经济、科学和可行的选择。

（二）大数据应用与其他信息技术和手段的融合实现精细化公共安全管理

城市公共安全管理的高度"精细化"要求只有在互联网时代发展为大数据时代时才能实现，这是因为它在很大程度上是一项"技术活"，需要不断升级的信息技术（硬件与软件）的支持。近些年来，信息技术已经取得了跨越式的发展，物联网、云计算与大数据相继成为最具代表性的前沿性技术。而大数据时代智慧治理的推进，需要上述3项技术的充分融合：大数据要靠物联网来采集获取，对大数据的分析则需要运用云储存、云计算等云技术。具体来看，城市公共安全管理中分别需要大数据融合技术、大数据处理技术、大数据分析与挖掘技术等工具，具体手段则包括"机器学习、统计分析、可视数据分析、时空轨迹分析、社交网络分析、智能图像/视频分析、情感与舆情分析"等。为了推动上述信息技术的进一步发展，需要加快信息化基础设施的建设，例如，下一代互联网、第四代移动通信、公共无线网络、电子政务网、行业专网等的建设，以及各种类型数据库、数据中心、云计算平台的建设。其中在社会公共安全领域中，广覆盖的视频监控网络、大传感器网络、地理信息系统（GIS），以及与之配套的视频浓缩检索技术、视频图像信息库建设等，将成为公共安全治理的利器。

第五节　科技服务领域

一、发展现状

科技是社会生产发展的原动力，在科技管理过程中，科技信息是政府部门和科研人员进行辅助研究、支持管理和方向决策的重要依据。如何积极利用大数据技术深入挖掘科技信息价值，在科技政务信息管理领域，推动科研管理与决策机制从业务驱动向数据驱动转变，促使科技管理，从精细化的单项管理向趋势化的复合管理转变，发挥大数据关联共享、智慧决策的优势，已经成为国家科技管理职能部门的迫切需求。

（一）科技服务领域的大数据资源基础

在信息与网络技术迅速发展的推动下，大数据时代已经来临，以数据为基础的科学服务，为人类的生活创造了前所未有的可量化的维度。国家部委，各地方省市、自治区及科技机构和信息化企业，在政策的指引下，先后启动了对科技信息管理的探索与应用。然而，目前现有科技平台的数据库支持已经无法满足未来的科技服务支持，大数据的管理和使用成为科技服务管理发展的新趋势。如何更好地利用现有的科技数据资源，通过信息化手段最大限度地挖掘数据价值，强化科技同经济对接、创新成果同产业对接、创新项目同现实生产力对接、研发人员创新劳动同其利益收入对接，已经成了各级科技管理部门关注的重点。

以上海市科技管理部门为例，现累积的科技服务数据资源包含项目信息、机构信息、人才信息、科技成果信息等信息资源，外部政务机构的政策信息、行业业务信息、企业登记信息等，联合科技型企业提供的科研成果信息、科技人才信息，以及互联网中的科技发展相关的行业趋势报告、科技舆论、行业趋势分析等信息。

1.项目信息

其包含地方项目和国家项目。地方项目，是高新技术企业认定信息、项目立项信息、项目拨款信息等信息，为科技部把控国家科技现状，制定科技战略提供信息支持。国家项目，是指从科技部获取重大专项、863 项目等国家科技项目信息，进行项目执行和管理。

2.科技成果信息

从上级科技管理部门获取的国内外的科技成果信息，例如智能设备技术、生物医药技术等。

3.行业信息

从评级委办局获取的行业统计数据，例如，工商局的企业登记信息、卫生局的药品需求信息、教育局的科技人才信息、经信委及发改委的科技项目信息等，用于科技项目的管理和科技战略的规划。

4.政策信息

从国务院及科技部、发改委、经信委等国家部委通过门户网站抓取、红头文件下发等方式获取的政策法规信息。

5.科技服务互联网数据

互联网中的科技发展相关的行业趋势报告、科技舆论、行业趋势分析等信息。

（二）国内科技服务大数据应用情况

目前，科技服务业已积累了海量结构化和非结构化的数据资源。国家图书馆联合公共图书馆建设并正式上线的中国政府公开信息整合服务平台，通过全面采集各级政府公开信息，构建了一个方便、快捷的政府公开信息统一服务门户网站。该平台通过整合中央政府及其组成机构、各省及省会城市的上百家人民政府网站上的政府公开信息，形成政府信息、政府公报和政府机构三大部分内容，信息量超过 30 万条，收录时间跨度超过 10 年，同时还和国家图书馆的馆藏资源进行了整合。此外，还收集整理了 3000 余家政府机构的信息，为用户提供一站式的发现、政府公开信息资源及相关服务。

随着公众信息需求的不断提升，信息公共服务设施的不断完善，各行业信息化建设的深入推进，上海已经积累并将继续产生庞大的数据资源。如上海拥有在用的 4800 万张公共交通卡，每天产生 30 GB 的交通流量信息数据，世界第四、亚洲第二的证券交易额，世界第一的货物和集装箱吞吐量等。上海市科学技术委员会发布《上海推进大数据研究和发展三年行动计划（2013—2015年）》。这三年上海将重点选取医疗卫生、食品安全、终身教育、智慧交通、公共安全、科技服务等具有大数据基础的领域，探索交互共享、一体化的服务模式，建设大数据公共服务平台，促进大数据技术成果惠及民众。

上海产业技术研究院搭建了 SITI 大数据共享服务平台。这是面向大数据产业共性技术、数据和应用共享、服务模式创新的需求，为数据供给方、加工方和需求方打造的提供数据互动、交易、共享的服务平台。平台促进科技数据集聚、研发和应用服务，为科学和工程领域提供数据共享和应用创新服务，为产业技术和行业发展提供趋势预测和布局建议，为政府决策提供数据和分析支撑。

浙江省鼓励推动数据开放，共享数据资源。数据开放的意义不仅仅是满足公民的知情权，更在于让大数据时代最重要的生产资料、生活数据自由地流动起来，这也是建立科技服务大数据平台的关键所在。扫除数据资源共享的障碍，推动跨部门、跨地区、跨行业的数据资源流动与共享的同时，也要充分注重对数据安全和个人隐私的保护，制定数据资源权益、隐私保护等方面的法规细则，促进对数据资源的合理开发利用。

除此之外，为了加快农业发展，提高农民生活水平，浙江省开展了对农村科技信息化的探索，依托浙江科技信息研究院 600 多万条、将近 2 TB 的科技信息，结合浙江省科技政务数据，建设了浙江农村科技资源系统，如浙江省农业科技专家数据库、浙江省农村科技实用技术数据库、浙江省农业科技成果数据库、浙江省农业科技项目数据库等。该建设覆盖全省 10 市 79 县（市、区）的浙江省农村科技信息服务体系。基于标准化体系、技术平台、服务体系的建设，形成了"浙江省农业科技信息网综合应用平台"，带动了整个农业的发展。

大数据产业情报是免费的信息大餐。江苏省中小企业发展中心建设了"江苏省大数据产业情报公共服务平台"，为江苏省中小企业免费提供包含造纸、纺织、机械制造、化工、电子计算机、家电、医药、钢铁、汽车、水泥、玻璃、陶瓷总计 12 个行业的产业动态、供需情报、会展情报、行业龙头、投资情报、专利情报、科技文献、海关情报、招投标情报、行业研报、行业数据、电商情报等在内的基础性情报信息。

宁波市探索了科技服务平台查询检索、关联分析、产业链分析等功能，在服务业务工作的过程中，面对海量数据与个性需求、大数据与细分析、被动查询与主动推送等诸多矛盾，探索建立知识管理系统，以达到使用简单、组合灵活、信息关联等良好效果。

（三）科技服务大数据的主要瓶颈

科技是社会生产发展的原动力，在科技管理过程中，科技信息是政府部门和科研人员辅助研究、支持管理和方向决策的重要依据。如何深入挖掘科技信息价值，提升科技管理技术手段已经成为国家科技管理职能部门的重要研究方向。目前，大数据在科技服务业的应用还存在以下问题：

1."信息孤岛"现象突出

目前大多数科研信息系统通常是围绕着具体的科研项目，为了解决某个独立的业务功能而建设的，在建设时缺乏对科研信息体系的统筹规划，导致了各业务子系统之间相互独立，缺乏信息共享的渠道，造成项目信息在多个子系统中重复存储，信息碎片化等问题。特别是随着科研管理服务智能化要求日趋提高，要花费更多的重复处理工作来解决科研信息冲突、冗余等问题，造成了科研管理成本的极大消耗。因此对科研信息系统的重塑需要首先解决"信息孤岛"的问题。

2.科技资源价值缺乏有效组织利用

当前的科技政务信息化系统以业务条线为基础，构建科技资源的管理体系，造成了资源配置的碎片化、重复挖掘、架构离散等问题，大大降低了科技管理的工作效率，也无法直观地反映地区科技发展水平，难以支撑上层科技管理服务。只有构建基于科技项目管理知识体系的科技资源主题库，充分挖掘科技信息中的知识成果，并形成针对科技资源的自学习、再利用体系，才能支撑更好的科技服务。

（四）科技服务大数据应用前景

未来的科技服务业的发展，需要进一步地渗透大数据、云计算等技术，建立清晰明确的科技信息化管理体系，打破"信息孤岛"，对科技信息进行统一的采集、整合、存储、共享、交换、分析和应用，最大限度地挖掘科技信息的数据价值，实现科技服务数据资源的有效共享和合理应用，为科研部门、管理机构、外部政务机构及申报主体提供科技服务支撑。

1.面向科研部门

其为科研部门提供产业引导服务，促使科研能力产业化、社会化，提高科技产业发展的社会、经济保障；提高效率分析服务，实现对社会效益和经济效益的有效评估。

2.面向管理机构

其提供项目服务，进行项目主体分析、风险评估、效益分析和情报监控，提高项目的风险抵抗力，加强申报主体的竞争力；提供机构服务，进行机构管理、人才管理和成果追踪，实现科技人才实战化、科技机构专业化。

3.面向外部政务机构

其提供科技扶持分析服务，建立风险分析预测模型，加强对政府资金的风险控制；提供社会效益分析服务，为科技民生化提供科学依据。

4.面向申报主体

其为申报主体进行项目申报，提供公平、公正、公开的项目申报服务；提供科研引导服务，加强科技机构的市场竞争力；提供便民服务，构建"一站式"网上政务大厅和网站群服务体系，强化面向公民和法人的在线服务和互动交流功能。

二、应用和服务模式

发展科技服务业、优化科技资源配置、服务地方经济和社会发展是实现科技创新引领产业升级、推动经济向中高端水平迈进不可或缺的重要环节。而目前科技资源分散、缺乏共享等问题，很大程度地阻碍了对科技资源有需求的中小企业的发展。随着科技服务领域数据的不断累积和大数据技术的逐步成熟应用，科技服务业也迎来了大数据时代。

以农业大数据科技服务应用平台为例，通过引入大数据相关技术，农业大数据应用云平台整合多渠道农业相关数据；利用数据挖掘展现技术，以专业分析为导向，面向高校、科研机构、政府机关、企事业单位，提供农业领域数据查询、在线分析、共享交流等应用服务的知识开放平台。

（一）科技服务资源汇集

通过应用大数据汇聚技术，实现为农业领域提供最为全面、及时的专业数据库，涵盖了专题数据、动态数据、共享数据、涉农企业数据四大模块。可以做到整合宏观经济、农业、农村等国家权威机构发布的农业相关数据；高频率的数据更新为用户不断输送新鲜资源；共享数据，汇集政府、企业、社会三方数据，打破信息孤岛，实现资源互联互通；采集的涉农企业数据，帮助用户准确定位企业及群体的地理分布。

（二）科技创新服务

专业的数据分析手段和先进的可视化展现技术，深入挖掘农业科技数据价值，进行数据分析，为用户提供决策支持。以专业分析为导向，引入数据挖掘理念，为用户提供多角度、多层次、多维度的农业数据在线分析功能，可视化的技术的加入，让用户轻松实现从数据查询、数据分析到成果展现的一站式操作。数据报表可视化、专题数据可视化、农产品价格可视化这三类可视化应用展示，以及带有地理分布、区域统计、梯度分布、密度分布多种空间分析方法的 GIS 地图应用展示，为用户分析思路提供不同的分析方法，多方面满足用户的分析需求。

（三）高效数据查询

及时响应涉农企业 GIS 信息查询，全面展示特定群体空间集聚特征。平台支持基于多条件组合的特定企业筛选，即时准确地展现企业群体的空间分布特性，分类展示涉农企业专题地图，助力特定群体空间集聚的研究与决策。

（四）科研数据监测

对市场农产品按照区域进项实时监测，利用大数据分析技术，对比分析市场的价格走势，为农业用户提供价格参考，为政府部门进行市场监管提供决策依据。

（五）数据资源有效、安全、合法跨行业共享

通过大数据技术有效整合平台数据资源，实现将数据变为商品，在不危及个人及国家数据安全的前提下，提供数据交易渠道。个人或组织可将数据集上传至平台，供人免费下载，或以一定的价格出售，轻松享受从数据上传、数据定价、数据发布到获取收益的快捷服务，用户在提升收益的同时，实现了跨部门的数据共享。

大数据技术在农业大数据应用云平台的应用，为农业科技领域的大数据发展提供了良好的解决方案，助力农业科技的信息化发展，同时也为科技服务业的大数据应用提供新思路和技术参考，从而将有效助推科技服务行业大数据应用发展。

参考文献

[1]李红霞. 人工智能的发展综述[J]. 甘肃科技纵横, 2007, 36（05）: 17-18.

[2]维纳. 人有人的用处: 控制论与社会[M]. 陈步, 译. 北京: 北京大学出版社, 2010.

[3]亨德森. 人工智能: 大脑的镜子[M]. 侯然, 译. 上海: 上海科学技术文献出版社, 2011.

[4]王绍源, 崔文芊. 国外机器人伦理学的兴起及其问题域分析[J]. 未来与发展, 2013（06）: 48-52.

[5]迟萌. 机器人技术的伦理边界[J]. 机器人技术与应用, 2009（03）: 21-23.

[6]周昌乐. 智能科学技术导论[M]. 北京: 机械工业出版社, 2015.

[7]胡学钢, 张先宜. 数据结构[M]. 合肥: 安徽大学出版社, 2015.

[8]许晶华. 管理信息系统[M]. 广州: 华南理工大学出版社, 2003.

[9]李含光, 郑关胜. C语言程序设计教程[M]. 2版. 北京: 清华大学出版社, 2015.

[10]杨小丽. EXCEL应用大全[M]. 北京: 中国铁道出版社, 2016.

[11]邹蕾, 张先锋. 人工智能及其发展应用[J]. 理论研究, 2012（02）: 11-13.

[12]POLLOCK. 新手学JavaScript编程[M]. 王肖峰, 译. 4版. 北京: 清华大学出版社, 2014.

[13]马健喆. 汉诺塔算法的分析与设计[J]. 计算机时代, 2015（08）: 49-51.

[14]王晓东. 计算机算法设计与分析[M]. 4版. 北京: 电子工业出版社,

2012.

[15]卫洪春. 图形环境下的汉诺塔演示[J]. 电子设计工程, 2014, 22（15）: 8-14.

[16]谭浩强. C程序设计[M]. 4版. 北京: 清华大学出版社, 2010.

[17]姜华林, 李立新, 陈强. 四柱汉诺塔非递归研究与实现[J]. 计算机时代, 2013（05）: 45-47.

[18]黄隽, 陈丹. 四柱汉诺塔非递归算法实现[J]. 福建电脑, 2013（11）: 96-97, 126.

[19]赵宇明, 熊蕙霖, 周越, 等. 模式识别[M]. 上海: 上海交通大学出版社, 2013.

[20]范会敏, 王浩. 模式识别方法概述[J]. 电子设计工程, 2012, 20（19）: 48-51.

[21]赵中堂. 基于智能移动终端的行为识别方法研究[M]. 成都: 电子科技大学出版社, 2015.

[22]黄子君, 张亮. 语音识别技术及应用综述[J]. 江西教育学院学报, 2010, 31（03）: 44-46.

[23]郭萍. 基于视频的人体行为分析[D]. 北京: 北京交通大学, 2012.

[24]汪亮. 基于可穿戴传感器网络的人体行为识别技术研究[D]. 南京: 南京大学, 2014.

[25]祁家榕, 张昌伟. 行为识别技术的研究与发展[J]. 智能计算机与应用, 2017, 7（04）: 24-26.

[26]侯婕. 人脸表情计算研究技术[D]. 苏州: 苏州大学, 2014.

[27]周宇旋, 吴秦, 梁久祯, 等. 判别性完全局部二值模式人脸表情识别[J]. 计算机工程与应用, 2017, 53（04）: 163-169.

[28]顾险峰. 人工智能的历史回顾和发展现状[J]. 自然杂志, 2016, 38（03）: 157-166.

[29]赵艳. 基于深度学习的表情识别研究[D]. 重庆: 重庆邮电大学, 2016.

[30]罗翔云. 基于深度学习的人脸表情识别[D]. 杭州: 杭州电子科技大学, 2017.

[31]杨晓龙，闫河，张扬．人脸表情识别综述[J]．数字技术与应用，2018，36（02）：213-214．

[32]赵腊生，张强，魏小鹏．语音情感识别研究进展[J]．计算机应用研究，2009，26（02）：428-432．

[33]陆文星，王燕飞．中文文本情感分析研究综述[J]．计算机应用研究，2012，29（06）：2014-2017．

[34]倪崇嘉，刘文举，徐波．汉语大词汇量连续语音识别系统研究进展[J]．中文信息学报，2009，23（01）：112-123．

[35]邹海洋．多智能机器人群体嗅觉系统的设计[J]．电脑知识与技术，2015，11（33）：129-130．

[36]毛航天．人工智能中智能概念的发展研究[D]．武汉：华东师范大学，2016．

[37]俞炘，王文远．仿真机器人发展及其技术探索[J]．数字技术与应用，2010（11）：5．

[38]王毅．基于仿人机器人的人机交互与合作研究：表情交互过程中的情感决策与联想记忆[D]．北京：北京科技大学，2015．

[39]贲可荣，毛新军，张彦铎，等．人工智能实践教程[M]．北京：北京机械工业出版社，2016．

[40]张国英，何元娇．人工智能知识体系及学科综述[J]．计算机教育，2010，8：25-28．

[41]徐寒易．会做梦的机器人[J]．环球科学，2017，4：48-49．